OHSAMA BUNKO

図説　数学トリック

樺 旦純

三笠書房

はじめに——この「謎解き」の面白さは、ちょっと他では味わえない!

数学は人知の栄光である——ライプニッツ
数学は科学の女王である——ガウス

数学の本当の面白さとは、いったいどこにあるのでしょうか?

たとえば次のような問題はどうでしょう。

次のページの図を見てください。二つの円型(大、小)を図のように中心をそろえ合わせて、レールS・Lの上を転がします。

大きいほうの円が一回転して点Aから点Bまできたとき、小さいほうの円は何回転することになるでしょうか。

小さいほうの円も一回転すると考えれば、点Pから点Qまで一緒に動くわけですから、AB=PQとなります。これですと、大きい円の動いた長さと、小さい円の動いた長さが等しい、ということになりますが、それでよいのでしょうか。

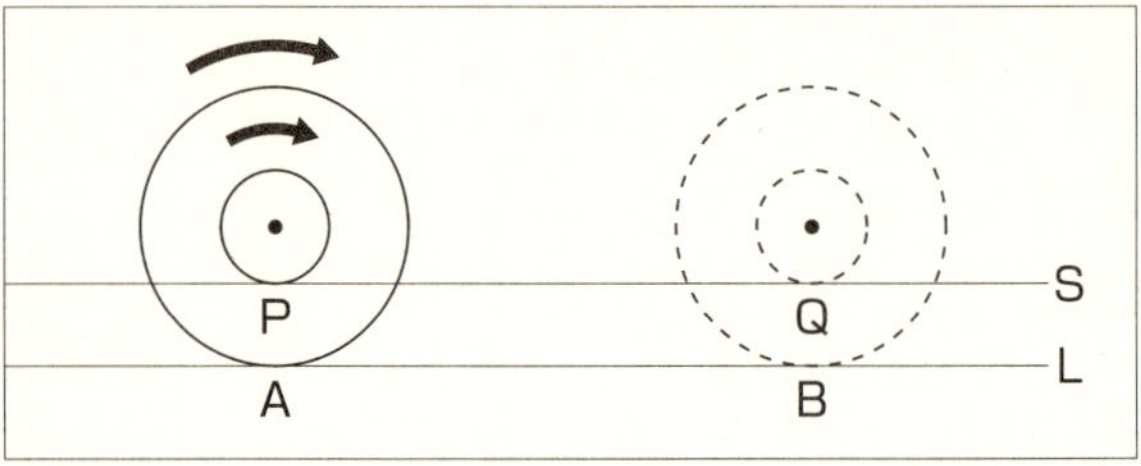

この問題は、プラトンと並ぶ古代ギリシャの大哲学者アリストテレスの考案した難問です。

しかし、計算してみるまでもなく、大きい円の周は小さい円の周より長いのが当然です。ところが実際に転がしてみると、小さい円は大きい円の一周の長さＡＢと等しい長さの示す印まで、同じく一回転でくるから不思議です。これは、なぜでしょう？

このカラクリを説明すると、大きい円の回転に対して、小さい円は滑りながら回転しているのです。つまり、小さい円は、大きい円が回転する距離も短いぶんだけ滑って移動しているわけです。

こうしたトリック（カラクリ）が見出せるかどうかは、〝ひらめき〟にかかっています。数学的思考に〝ひらめき〟は不可欠です。これは生まれつきのものではなく、自分で考える過程で養われるものです。

知的好奇心を刺激するような楽しいものが題材ならば、「数学嫌い」の人でも抵抗なく取り組むことができるでしょう。謎解きの面白さを通じて、数学アレルギーも自然に治っていくはずです。

軽く頭の体操でもするつもりで、気軽にこの本を読んでください。ハッとしたり、なるほどと感心したり、引っ掛けられて悔しい思いをしたりするページに必ずめぐりあえるはずです。

数学的思考力や数学的感覚は、一度自分のものにすれば、日常生活の各場面に応用できます。

絵を見るときも、音楽を聴くときも、その奥に秘められた数学的手法に気づき、新しい発見をすることができるようになるはずです。

どうぞ本書で「数学とはこんなに面白く楽しいものだったのか」という実感を存分に味わってください。

樺　旦純

図説　数学トリック■目次

第1章　【数学感覚】編

必要なのは、ちょっと「推理」をしてみること！

第2章【天才に挑戦】編

あなたはできる？
この「特別な頭の使い方」

第3章【知的好奇心】編

信じられないことが起こる「神秘の数学」

第5章 【数学遊戯】編

「東西知恵比べ」——答えが出るまでやめられない！

第6章 【不思議な数学】編

世にも不思議な「女王のトリック」

本文イラスト◉永美ハルオ

第1章

【数学感覚】編

必要なのは、ちょっと「推理」をしてみること！

この条件をクリアできるか？
——農夫、そしてやきもちやき亭主の約束事

古典的な有名な話を紹介しよう。

東洋では西暦紀元以前からあったといわれ、西洋でも8世紀のアルカンまでさかのぼることができるという、古くから知られ、世界に語りつがれた話と、それを16世紀になってイタリアの数学者タルターリアが変形改作したものである。

Q1

1人の農夫が1匹の狼と1匹の山羊と1個のキャベツを持って川を渡ろうとしている。しかし、舟が小さいので、彼の他には狼、山羊、キャベツのうちどれか1つだけしか乗せることができない。彼がそばにいないと狼は山羊を食べてしまうし、その山羊は狼に食われないとしてもキャベツを食べて

しまう。

　このような心配をしないでこれらすべてを向こう岸に運ぶためには、どのようにすればよいだろうか？

Q2

　3人のやきもちやきの亭主が、それぞれ妻を同伴して川を渡ろうと思ったが、ボートが1隻しかない。しかも、このボートには2人しか乗れない。

　そこで、彼らは次のような協定を結んだ。すなわち、こちら岸でも向こう岸でも、ボートの中でも、妻はその夫が側にいない限りは他の男と一緒にいてはいけないというのである。たとえ、他の男が2人であっても、夫が側にいないと駄目なのである。

　さて、どのように渡ればよいだろうか。

Q1は、次のようにして簡単に解決できる。

①まず、農夫は山羊を連れて川を渡る。

②農夫は1人で漕ぎ戻ってキャベツを運ぶ。

③次に山羊を連れて戻る。

④それから、山羊をこちら岸に残して狼を乗せ、キャベツのある対岸へ運ぶ。

⑤最後に、1人で漕ぎ戻って山羊を運ぶ。

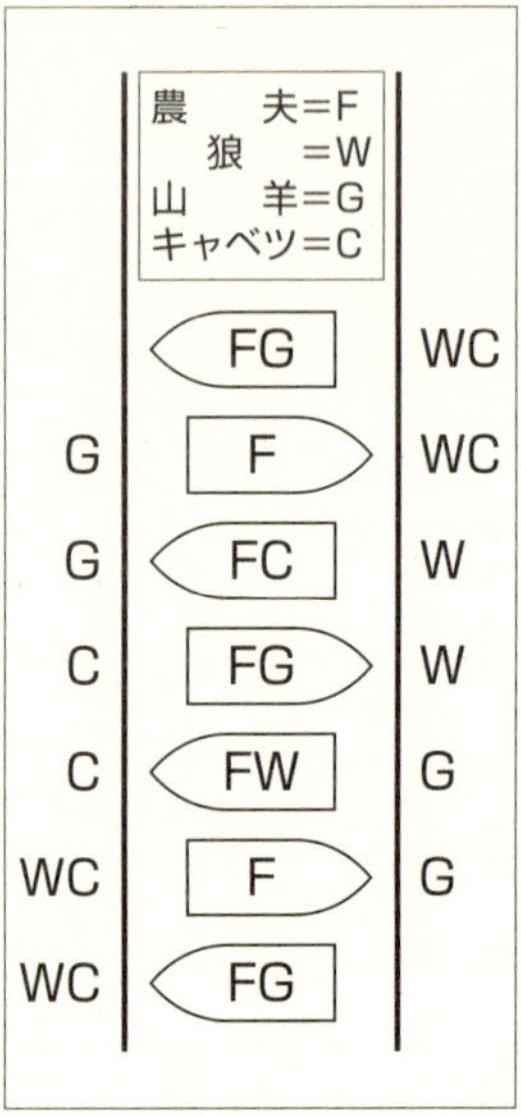

Q2は、やや難しくなる。

①2人の妻が向こう岸へ渡り、その中の1人が3人目の妻を迎えに元の岸に戻る。

②向こう岸へ渡った3人の妻のうち、1人が戻ってきてこちら岸の夫と共に残り、他の2人の男たちが対岸へ行く。

③対岸から1組の夫婦が帰り、こちら側にいる2組の夫婦の夫だけが対岸へ渡る。

④対岸の1人の妻がこちら岸へ戻る。

⑤2人の妻が川を渡り、その中の1人が最後の妻を連れにくればよい。

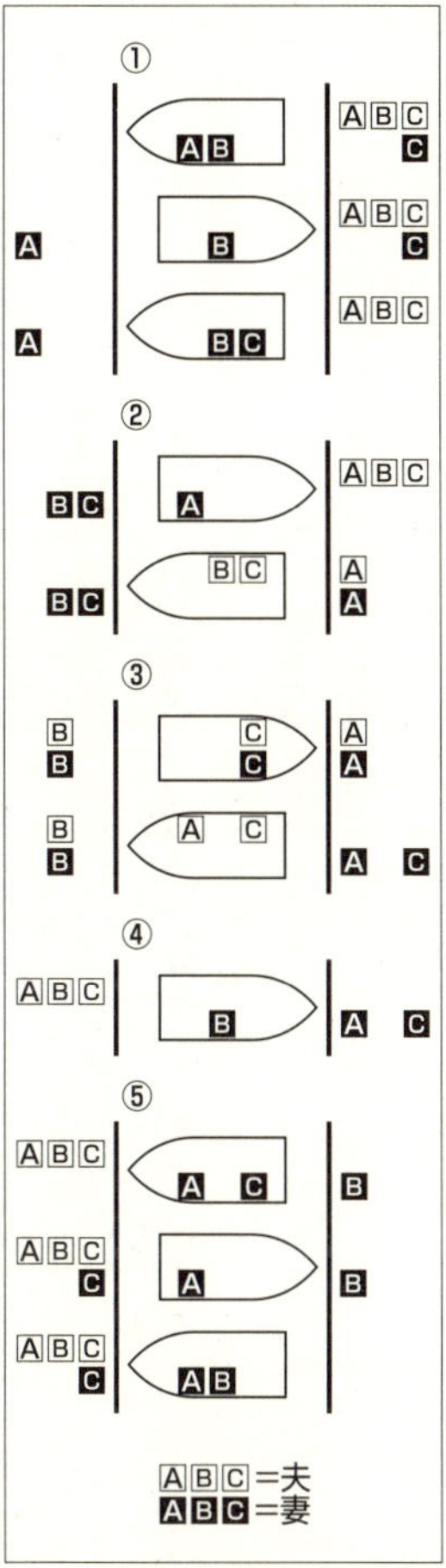

生死をかけた「1つの質問」——相手に欲しい答えをいわせる法

ある数学者が、どういうわけか人食い人種の村に入りこんで囚われの身となった。いよいよ食われてしまうという前日、酋長がやってきて、こういった。

「いよいよ、明日はおまえを食うわけだが、その前に一度だけチャンスをやろう。この獄舎には2人の番人がいて、2つの出口がある。1人の番人は嘘しかいわない。他の1人は嘘はつかない。また、1つの出口はおまえを死に導くが、他の出口はおまえを生還させるだろう。

さて、いずれかの番人に、質問を1つだけすることを許そう。ただし、番人はいずれもイエスかノーしか答えないぞ」

さて、この数学者は、数学の才能を使って、番人たちにうまく質問をし、無事難をまぬがれたそうである。

*　*

仮に番人Aは嘘つきで、番人Bは嘘つきでないとする。

出口xは死の出口、出口yは生へ導く出口。この数学者がいずれかの番人に問いかけ、いずれかの出口を指して、イエスかノーかの答えを求めるのだが、次の4つの場合が考えられる。

Aに対して、出口xを指して質問するとき、ノーという答えを得る必要がある。番人におまえは嘘つきかといえば、AもBもノーというはず。出口を指して、ここから出れば助かるかと聞けば、出口xのときも出口yのときも同じ答えがかえってくるはずだ。

したがって、おまえが嘘つきかという問いと、この出口から出られるか、という問いを合成して、1つの問いにしなければならない。

たとえば、「おまえは嘘つきで、そして、この出口から出られないというのは正しいか」といった具合である。

Aに対して出口xを指さし、この質問をすれば、Aは、このことが正しいからノーと答えるだろう。Aに対して、出口yを指しこの質問をすれば、このことは正しくないからイエスというだろう。

同じ質問をBに対して、出口xを指してすればノーというだろう。同じくBに対し、出口yを指してこの質問をすれば、やはりノーというだろう。残念ながら、これではお手上げだ。しかし、もう生き残る糸口は見えている。考えてみてほしい。

この質問はAに対しては有効であった。だからBについては、次の質問が有効だ。「おまえが嘘つきではなくて、この出口からは出られる、というのは正しいか」

そこで、前の質問と、この質問を合成してみよう。

「(おまえが嘘つきであって、かつ、この出口から出られない)か、あるいは(おまえは嘘つきではなくて、この出口から出られる)のいずれか一方が真である、ということは正しいか」という問いをすればよい。番人はグウの音も出なくなり、数学者は助かったのだ。

パラドックス
——頭を混乱させる、たった一言のトリック

ある国では、死刑囚が死刑執行されるとき、一言だけいうことが許される。その内容が正しければ斬首刑、違っていれば絞首刑にされることになっている。そこで、ある死刑囚は最後に「私は絞首刑にされる」といった。彼は何刑にされただろうか、という有名な問題だ。

いま、彼のいったことが正しいと仮定しよう。内容が正しければ斬首刑にされるのだが、それでは「絞首刑にされる」といったことが正しくないことになり、斬首刑にすることはできない。

では、彼のいったことが誤りであると仮定しよう。すると、規則によって彼は絞首刑にされることになる。しかし、これでは、「絞首刑にされる」といった彼の言葉が正しいことになり「誤りである」という仮定に反する。いずれを実行しても仮定に反してしまうので、斬首刑にも絞首刑にもできないことになる。

しかし、この結論には何かスッキリしない感じをもたれたことであろう。では、問題のどこかに欠陥があったのだろうか。

死刑囚の言葉が正しいか、誤りかで刑を分けている点だろうか。それとも、「私は絞首刑にされる」という言葉の点だろうか。

じつは、死刑囚の言葉が正しいか、まちがっているかの判断をしたところに、根本的な誤りがあったのだ。彼のいっている内容は、条件が不足しているため、どちらとも判断できないものだったのである。

南太平洋への大冒険
“正直族”を探せ！

こんなおもしろい話がある。

南太平洋のある島に探険家がたどり着いた。その島には、いつでもウソをつく「ウソツキ族」と、いつでも本当のことしかいわない「正直族」がいる。

この探険家は、海で嵐にあい、やっとの思いでこの島にたどりついたので、何としても正直族の人間を見つけだし、帰国する手助けをしてもらわなければならない。

やがて探険家は、３人の男に会う。この３人の中には必ず１人は正直族の人間がいるという。

そこで、探険家が、右の男に向かって「真ん中の男は正直族か」と聞いてみたところ、彼は「ウソツキ族だよ」と答えた。

真ん中の男に向かって「両側の男はウソツキ族なのか正直族なのか」と聞いてみたところ、「2人とも、おれと同じだ」と答え、左の男に「真ん中の男は正直族か」と聞いてみると「その通りだ」と答えた。

そこで、探険家は正直族の男がどの男かがわかったので、彼に帰国の準備を手伝ってもらい、安全な帰国ルートも教えてもらって、無事生還することができた。

さて、あなたにも誰が正直族なのかおわかりいただけただろうか。

これは、実は単純なものである。可能な組み合わせの中から、あり得ないものを消去していけばよい。残ったものが答えである。

＊　　＊

3人がウソツキ族か正直族かの組み合わせは次頁の図の8通りしかない。

まず、真ん中の男から見てみよう。彼が正直族だと仮定すると、A、B、E、Gの4通りが考えられるが、両側の人間も正直族でなければならないので、少なくともB、E、Gは違うことになる。彼がウソツキ族とすれば、Hの場合には彼が正直に答えてしまったことになるので、Hも間違い。

次に、左の男の言葉を考えてみよう。彼が正直族だとすると、真ん中の男も正直族、彼がウソツキ族なら、やはり真ん中の男もウソツキ族になる。そのため、残るA、C、D、Fの組み合わせの中では、CとDという組み合わせはあり得ない。

最後に右の男について考えてみれば答えが出るはずである。

彼は真ん中の男を「ウソツキ族」だといっているわけだから、彼が正直族なら真ん中の男はウソツキ族、彼がウソツキ族なら真ん中の男は正直族ということになる。

残る組み合わせはAとFしかなく、条件に合うのはF。だから、探険家は右の男に協力をあおぎ、故国へ帰る手伝いをしてもらったわけである。

14世紀イタリアの数学書に挑戦
――盗賊は果たしていくら盗んだのか?

14世紀のイタリアの数学書の中に出ている、比較的やさしい問題を紹介しよう。

ある賊が貴人の邸宅に押し入り、金貨を袋にいっぱい盗んでいこうとした。

ところが、邸宅には2つの門があり、盗賊が何くわぬ顔をして第一の門から出ようとすると、門番が彼を引き止め、「何を持ち出すのか? 手にしているものを私に半分くれるなら許してやろう」といった。

ふるえ上がった盗賊は、金貨を半分与えたが、門番は賊に同情して100フローリンを返した。

第二の門では、ここでも門番が半分の金貨を要求したが、賊に同情して50フローリンを返した。賊が邸宅から出たときには、袋の中に200フローリン残っているだけ。賊がはじめに盗んだ金貨はいくらだったのだろうか。

賊は持っている金貨の半分を第一の門番に与えたが、門番より100フローリン返してもらっているので、残りの金貨は盗んだ金貨の半分と100フローリン。

次に、第二の門番にその半分を渡したことは、つまり盗んだ金貨の$\frac{1}{4}$と50フローリンを渡したことになる。しかし、この門番も同情して50フローリンを返してくれたのだから、結局、第二の門番には、もとの金貨の$\frac{1}{4}$を渡したことになる。

したがって、いま盗賊が持っているのは、盗んだ金貨の$\frac{1}{4}$と100フローリンで、それが200フローリンに等しいのだから、盗んだ金貨の$\frac{1}{4}$が100フローリンに等しくなり、盗んだ金貨は400フローリンだったというわけである。

江戸時代の大ベストセラーに挑戦
――2種類のますを使って油を等分せよ！

16世紀イタリアの数学者タルターリアの数学書に、精油やワインを等分する問題が載っている。

『塵劫記《じんこうき》』（1631年）にも、与えられた2種類の升《ます》を使って油を等分する油分け算が出てくる。

たとえば、「斗《と》桶《おけ》に油が1斗（10升）ある。これを7升ますと3升ますを用いて5升ずつにしてほしい」という問題が載っている。

あなたは何分で正解を出せるだろうか？

その分け方は35ページのⒶ表のとおりだが、もうひとつ別のやり方もある。そちらはみなさんにおまかせしたい。

＊　　＊

では、次の問題を考えてみよう。

いま、ここに80グラム容器に入っている飲用秘薬「P」がある。飲用秘薬「P」を友人に40グラム分けてやることになった。ところが、50グラムの空容器と、30グラムの空容器をそれぞれ1個ずつしか持っていない。

さて、どうやって40グラムが量れるだろうか。

まず80グラム容器のPをとって、50グラム容器をいっぱいにする。

次にその50グラム容器から、30グラムの容器にいっぱいのPをとる。そうすると、50グラムの容器に20グラムのPが残る。

30グラム容器のPを80グラム容器にあけて、空になった容器に20グラムのPを注ぐ。つまり、Pは30グラム容器に20グラム、80グラム容器に60グラムと分けられるわけだ。

前と同じことをくり返す。80グラム容器から50グラム容器へPをいっぱいに移し、その50グラム容器から30グラム容器へいっぱいになるまでPを移す。

みごとに、求める40グラムは、50グラム容器に残った。

ついでに、30グラム容器の中味を80グラム容器に移せば、もうひとつの40グラムが生まれる。この方法は、Ⓑ表のようにまとめられる。

次に、別のやり方でやってみよう。

まず最初に、この答えは、50グラムおよび30グラム容器を、満たしたり空にしたりすることによってだけ得られるから、80グラムの容器は答えには関係ない、ということに注意してほしい。

したがって、50グラム容器はx回満たされ、30グラム容器はy回満たされれば、求める結果、つまり、40グラムが得られるものとしよう。つまり、$5x+3y=4$という方程式が得られる。

答えはたくさんあるが、その簡単なものをひとつあげると、$x=-1$ $y=3$　この場合は、Ⓒ表のように変えられて、答えを求めることができる。

Ⓐ表

操作	斗桶	七升ます	三升ます
もとの状態	10	——	——
1 回 目	3	7	——
2 回 目	3	4	3
3 回 目	6	4	0
4 回 目	6	1	3
5 回 目	9	1	0
6 回 目	9	0	1
7 回 目	2	7	1
8 回 目	2	5	3
9 回 目	5	5	0

Ⓑ表

操作	80g容器	50g容器	30g容器
もとの状態	80	——	——
1 回 目	30	50	——
2 回 目	30	20	30
3 回 目	60	20	0
4 回 目	60	0	20
5 回 目	10	50	20
6 回 目	10	40	30
7 回 目	40	40	0

Ⓒ表

操作	80g容器	50g容器	30g容器
もとの状態	80	——	——
1 回 目	50	——	30
2 回 目	50	30	0
3 回 目	20	30	30
4 回 目	20	50	10
5 回 目	70	0	10
6 回 目	70	10	0
7 回 目	40	10	30

ニセ金づくりの名人に挑戦——筋道を立てて摘発せよ!

いつの時代にもニセ金づくりの名人はいるものだが、必ずホンモノと違うところがあり、たいていの場合は重さを量ってみるとわかる。

いま、金貨が12個、その中に1個、重さの違うニセ金があるとしよう。これを天秤バカリで10回か11回ぐらい量れば、どれがニセモノかすぐわかる。

しかし、もしあなたが中世に生きる商人であったとしたらどうだろうか。お客さんがいる間にホンモノかニセモノかすぐに判別しなければならない。10回も11回も量ってみる、というような悠長なことはしていられない。是が非でも、できるだけ少ない回数で発見する方法を知っていなければならない。

〝必要は発明の母〟といわれるが、天秤バカリをわずか3回しか使わないで12個の金貨の中から1個のニセモノを発見する方法がわかっている。さて、あなたなら3回しかハカリを使わないでどうやってニセモノを見つけるだろうか。

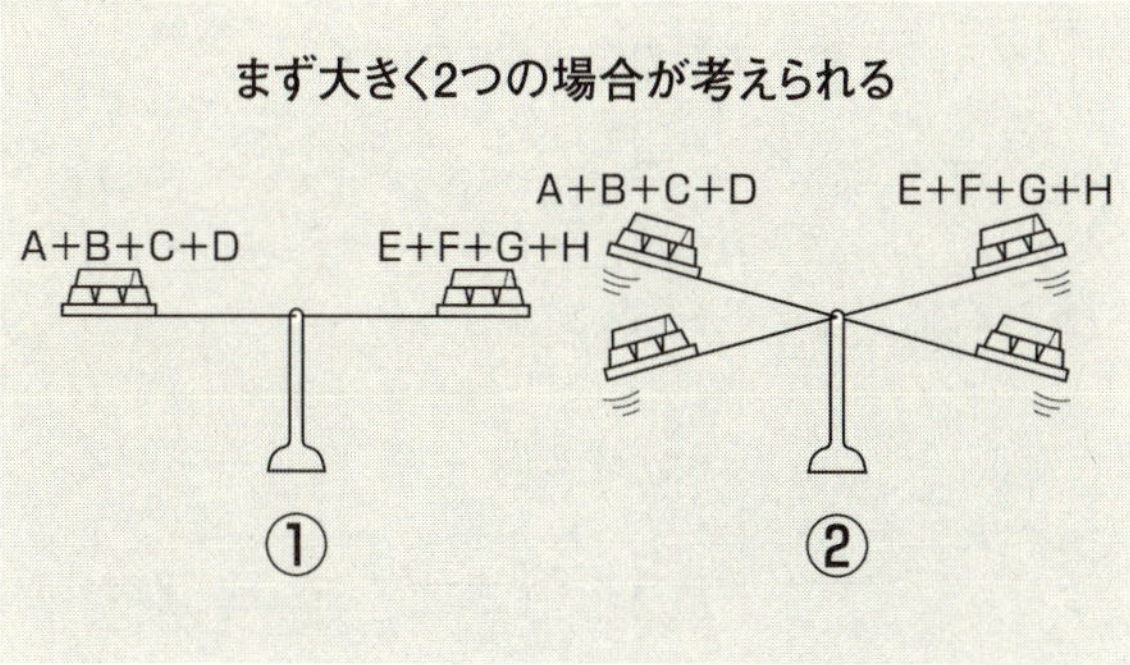

この場合、ただ1個だけがニセモノである。したがって、12個の中で、もし2つが同じ重さだったら、両方ともホンモノである。同じように、同数に分けた金貨のグループが同じ重さだったら、両グループのすべての金貨はホンモノである。

まず、12個の金貨にAからLまでのネームをつけて考えてみよう。

最初に、4個ずつを天秤の両皿にのせる。この1回目の計量について、次の2つの場合の一方を考えてみる。

まず、①の場合は、ハカリ上の8個はすべてホンモノで、あやしいのは残りのI・J・K・Lのどれかである。その中の任意の3個、たとえばI・J・Kを片皿にのせ、他の皿にはホンモノとわかった金貨、たとえばA・B・Cをのせる。

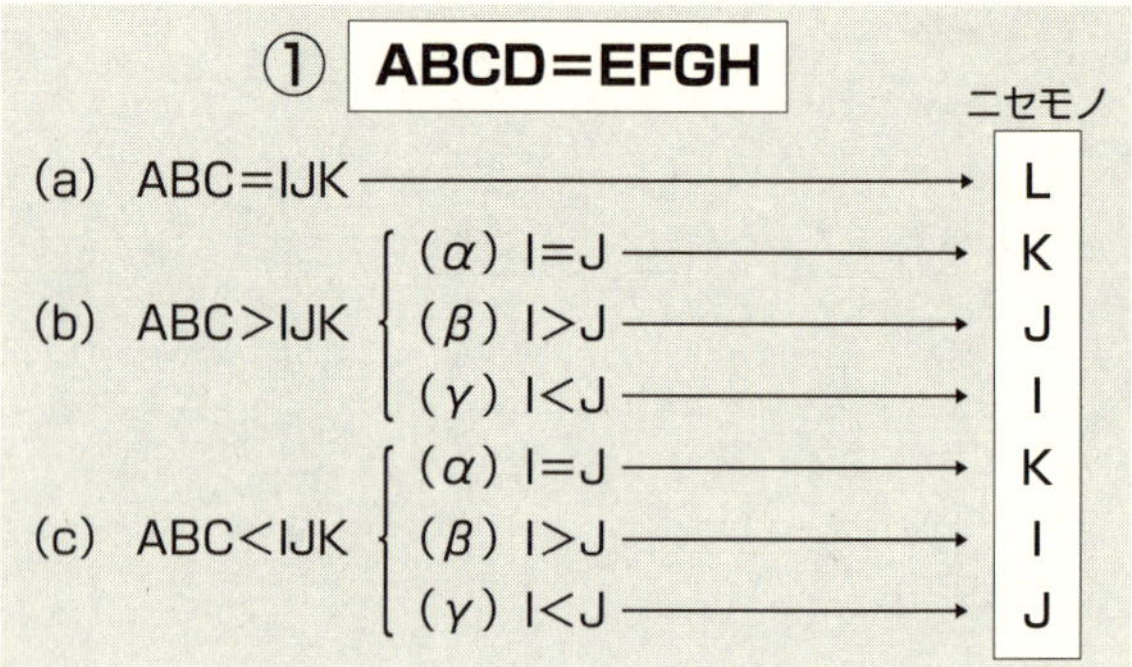

この2回の計量で、次の2つの可能性が考えられる。

つり合ったときには、残っているＬの金貨がずばりニセモノである。念のため3回目の計量で、Ｌとホンモノ1つを比べれば、Ｌが軽いか重いかが証明される。

つり合わない場合には次の2通りがある。

まずＩ・Ｊ・Ｋの方が軽い場合。

この場合は、Ｉ・Ｊ・Ｋのどれかが、ホンモノより軽いニセモノである。そこで、この3個の中の任意の2個、たとえばＩ・Ｊをとって別々の皿にのせる。この3回目の計量で、もしＩ＝Ｊとなったら、Ｋがニセモノである。また、Ｉ≠Ｊのときは、2個のうち軽い方がニセモノとわかる。

次にＩ・Ｊ・Ｋの方が重い場合。

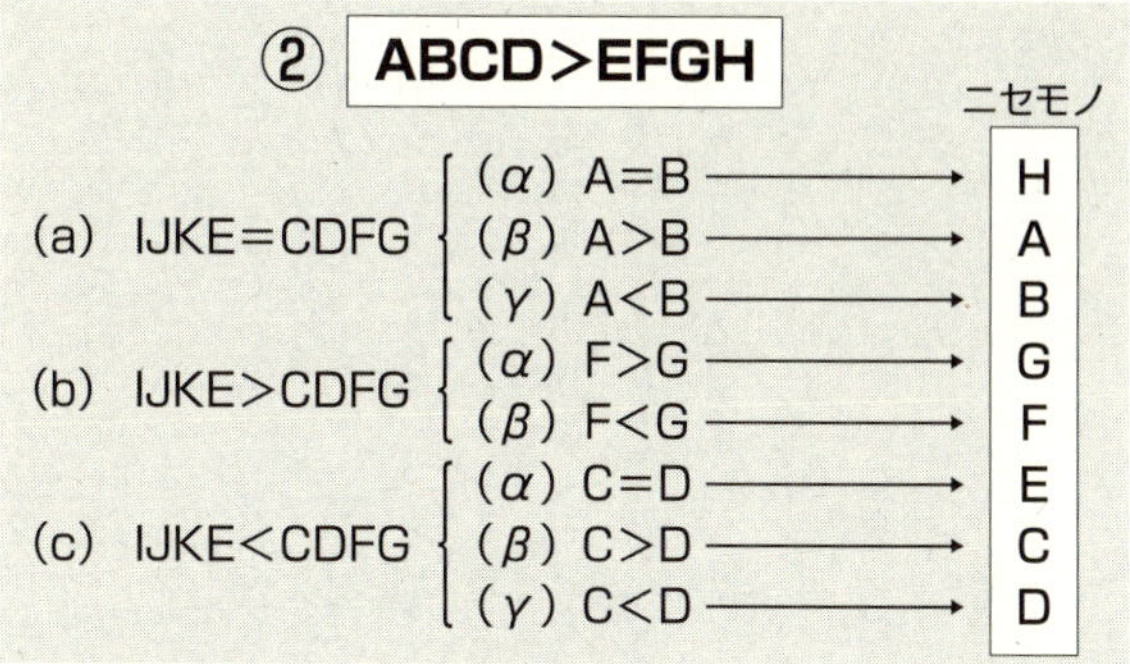

この場合、I・J・Kのどれかがホンモノより重いニセモノである。同様に3回目の計量を行ない、I＝JならKがニセモノ、I≠Jなら重い方がニセモノである。

これで①の場合が完成する。

＊　＊

次に、図の②の場合について考えてみよう。

もうあなたは、ニセモノがハカリの上にのっており、したがってI・J・K・Lはホンモノであることを知っている。たとえば、A・B・C・Dが重く、E・F・G・Hの方が軽かったとしよう。2回目の計量では、一方の皿にホンモノの中から3個、たとえば、I・J・Kをのせ、それに軽い方の金貨の1つ、たとえばEを追加してのせる。他方の皿には、重い方の金貨から2個、たとえばC・Dと、軽い方で残っている3個の中の2個、たとえばＦ・Ｇとをのせる。

　この2回目の計量で、次の3つの場合が考えられるだろう。

　まず第一に左右がつりあった場合は、ハカリの上のすべての金貨はホンモノであるといえる。また一方、Ｌはあらかじめホンモノとわかっている。したがって、残っているＨが軽いか、またはＡ・Ｂのどれかが重い。

　それを決めるため、ＡとＢをそれぞれ片方の皿にのせる。この3回目の計量で、2つの可能性、つまり、Ａ＝Ｂ、Ａ≠Ｂのどちらかが現れる。前者のときはＨが軽く、後者ならば重い方がニセモノなのである。

　第二の場合は、Ｅをのせた皿の方が重いときで、この場合はＩ・Ｊ・Ｋはホンモノだとわかっている。また、Ｅもホンモノである。

　なぜなら、1回目の計量の結果から、Ｅはホンモノより重いニセモノではありえないが、2回目の計量の結果から、Ｅはホンモノより軽いニセモノでもありえないからである。

　つまり、Ｅはホンモノよりも重くも軽くもないことになり、結局ホンモノということになる。

ところで、1回目の計量の結果から、Ｃ・Ｄはホンモノより軽いニセモノではありえない。また、2回目の計量の結果から、Ｃ・Ｄはホンモノより重いニセモノでもありえない。

したがって、Ｃ・Ｄともにホンモノより軽くも重くもないことになり、結局ホンモノということになる。

以上のことから考えると、軽い方のＦ・Ｇのどちらか1つがニセモノである。したがって、その2個の金貨を片皿ずつのせて、3回目の計量をすれば、どちらが軽いものかがわかる。つまり、軽い方がニセモノである。

第三の場合には、Ｅが軽いかＣ・Ｄのどちらか1つが重いかである。そこで、ＣとＤを片皿にのせて量る（3回目の計量）。もし、左右がつりあったならば、Ｅがホンモノより軽いニセモノであり、つりあわなかったならば、Ｃ・Ｄの重い方がニセモノであるということがわかる。

これで②の場合が完成する。

かなりややこしかっただろう。このニセ金の話は、論理的に筋道を立てていく訓練にはうってつけのものといえるだろう。

盗人隠し（西洋版）
——バレないようにワインを盗め！

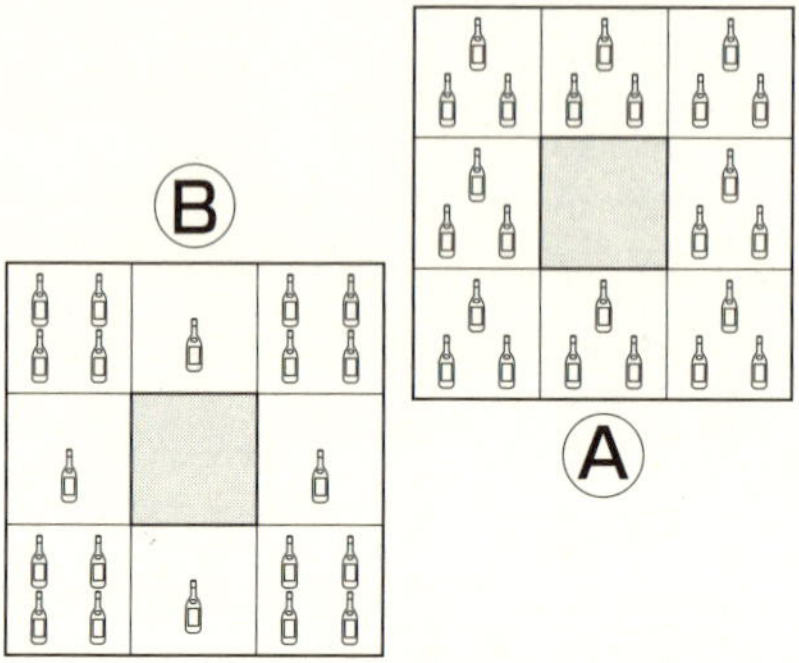

西洋の古い本に、こんな話が載っている。倉庫の中に、Ⓐ図のようにワインを1列（マス目3つ）に9本ずつ、合計24本貯蔵しておいた。ところが、ある日、倉庫の番人がこっそり4本持ち出して、ワインをⒷ図のように並べ直した。

その後、主人が調べに来たが、どの列もやはり9本ずつあるので気づかなかった。

このように、物の配列を変えて、数を増減してごまかすパズルを「盗人隠し」という。

盗人隠し（日本版）——「七人番所」に盗人が逃げこんだ！

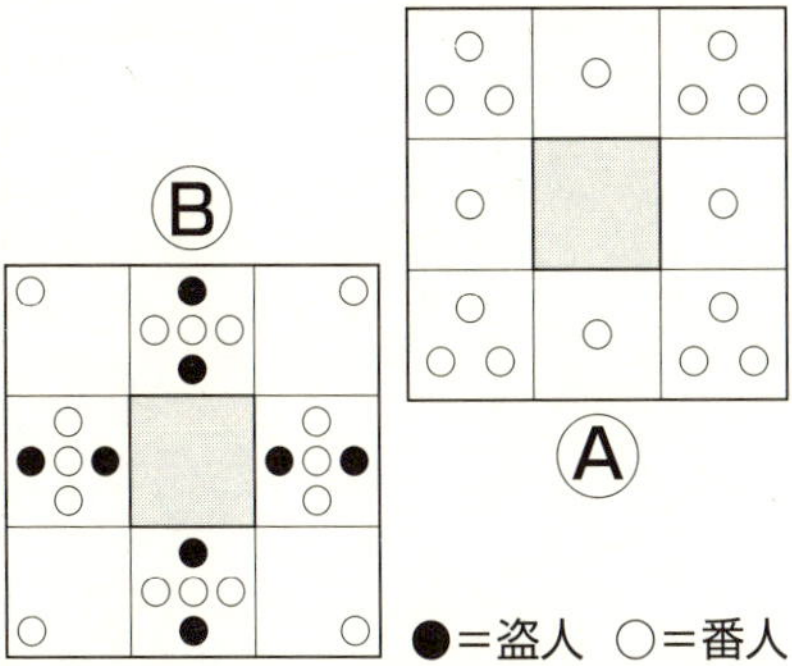

江戸時代の『柳亭記』（柳亭《りゅうてい》種彦《たねひこ》著）という本に、こんな話がある。

昔、日本と中国との間に、船を検査するための番所があり、Ⓐ図のように四方に7人ずつ見張っていたので、「七人番所」と呼ばれていた。ある日、この島に8人の盗人がやってきて、自分たちをかくまってほしいと頼んできた。しかし、四方の人数が7人より多くなると、たちまちばれてしまう。

そこで、一計を案じて、人数が変わらないように1人ずつ増やしていってⒷ図のようにし、8人を隠したという。

頭に広がる「神秘の数学」
――この面白さを知ってしまうと……

明治の文明開化、西洋文明の輸入によって日本にも西洋数学のいろいろな考え方が導入された。

しかし、西洋とは別個に、日本にも和算と呼ばれるものが発達していた。その代表的なものが〝ツルカメ算〟と呼ばれるものである。

問題を解くだけならば、方程式を使った方が簡単な場合が多いかもしれない。しかし、数学的な論理思考を養う点では、このツルカメ算ほど有効なものはない。

＊　＊

さて、いまツルとカメが合わせて10匹（羽）いる。その足の数は合計すると28本。ツルとカメはそれぞれ何匹ずついるだろうか、というのがツルカメ算の問題である。

カメは0匹で、すべてがツルだと仮定すると、ツルは1羽につき2本しか足をもっていないから、全部で、10×2＝20（本）となる。ところが、足の数は28本だというの

だから、28－20＝8（本）で、まだ8本余っている勘定。これは、「すべてがツル」という仮定に誤りがあり、カメが何匹かいたことを示している。

そこで、10羽のうち、1匹がカメだとしてみると、全体の頭数には変化はないが、足の数は2本増えるだろう。8本の足の余りがあるわけだから、8÷2＝4　つまり4羽のツルをカメにかえればよいことに気づくわけである。だからカメは4匹、ツルは、10－4＝6で、6羽になる、というようにして結論を導きだすのである。

逆に、はじめにカメしかいなかったと考えても同じことである。カメが10匹と仮定することになるわけだから、足の数は、10×4＝40（本）となる。これは28本よりも、40－28＝12（本）多い。

そこで、カメ1匹をツル1羽にかえると、1匹あたり2本ずつ足が減ることになるから、12本減らすためには、12÷2＝6　つまり、カメ6匹をツルにかえればよい。だからツル6羽、カメ4匹で同じ解答を得たことになる。

混乱必至の「蛸犬鶏算」――可能性は全部で何通り？

江戸時代に書かれた数学遊戯の名著に、医者であり、儒者であり、数学者でもあった村井中漸《むらいちゅうぜん》の書いた『算法童子問』がある。その中に、次のような問題がある。

マナ板の上にタコがおいてある。調理場から裏庭を見ると、イヌとニワトリが遊んでいる。板前さんが数えたら、合わせて24匹、足の数102本であった。タコ、イヌ、ニワトリはそれぞれ何匹か。

ただし、足の数はタコ8本、イヌ4本、ニワトリ2本で、足の欠けているものは1匹もいない。

この問題は有名なツルカメ算と同じタイプだが、レベルはだいぶ高くなっている。あなたもぜひ挑戦してみてほしい。

＊　　＊

たとえば、タコが2匹、イヌが21匹、ニワトリが1羽。頭数が24匹、足はタコが16

本、イヌが84本、ニワトリが2本で102本。

　また、タコ3匹、イヌ18匹、ニワトリ3羽とすると、足の数はそれぞれ24本、72本、6本となって合計102本だから、この答えも正しいといえる。すると、タコが4匹、5匹、6匹……と考える場合も、答えがあるかもしれない。

　では、いく通りの答えがあるだろうか。

	タコ	イヌ	ニワトリ
1	2	21	1
2	3	18	3
3	4	15	5
4	5	12	7
5	6	9	9
6	7	6	11
7	8	3	13

もはや人間の能力をはるかに超えた！
——悪魔の数学理論

昔、インドの王子シラは、チェスを発明したセタという学者を招いて次のようにいった。
「セタ、私はおまえが発明したみごとな遊びに対して、ほうびをあげようと思う。何なりと望みをかなえてあげよう。欲しいものをいってごらん」
セタはそれに対して、
「王子様、チェス盤にはマス目が64ありますが、第1の目にキビ1粒を、第2の目にはキビ2粒を、第3の目には4粒を……このようにして、それぞれ新しい目にその前の目においた粒の2倍の数の粒を置き、それら全部を私にください」

王子シラは、セタに金貨をたくさん与えてやろうと考えていたのに、そういわれて拍子抜けしてしまった。「ずいぶん欲のない男だ。チェス盤の目にキビを1粒、2粒、4粒と置いていったぶんだけくれ、とは……」と思ったのである。

ところが数日して、その話を聞きつけてやってきた宮中の数学者たちが王子に具申したその内容は驚くべきものだった。

「私たちは、セタが欲しいといっているキビ粒の全体の量を正確に計算してみました。その結果、その数は国中にある穀倉をすべてかき集めても入りきれないほどの膨大な量になることがわかったのです。そのような量のキビはおそらく地球上にもないことでしょう」

王子は驚いて、「そのものすごい数とやらを書いてみてくれないか」と命じたのである。

さて、宮中の数学者が王子に示した数は、いったいどのくらいの数だったのだろうか。

ここで、チェス盤の64のマス目に置かれる穀粒を第1の目から順に書いてみると、1、2、4、8、16、32……2^{63}となる。

セタが要求した穀粒はこれらの和で、これは、等比数列、幾何級数（つまりネズミ算）にほかならない。

チェス盤のマス目にしたがって計算すると、幾何級数で初項が1、公比が2、全部が64項あることになる。その和（S＝等比級数の和）は、$S = a \times \frac{(r^n - 1)}{r - 1}$で求められ、計算すると、$2^{64} - 1 = 18,446,744,073,709,551,615$（約１８４５京《けい》）。

この20桁の数字は、どのくらいの量だろうか。実感としてわかるようにしてみよう。実は、地球上で調達する穀粒すべてを加え合わせても、それだけになるまでには数世紀を必要とする。

まだピンとこないだろうか？

では、あなたがこの数を1、2、3とかぞえるとすれば、1秒間に5ずつかぞえても、11億７０００万世紀かかると申しあげよう。ウソだ、と思ったら早速かぞえてみてほしい。

日本にも、これと似た話で、豊臣秀吉と曾呂利新左衛門の話がある。いずれも数学の手法を使ったものであり、一般には複利計算として知られている。あなたもご存知のように、将棋盤のマス目は81（９×９）あるが、それよりも少ないチェス盤でもこ

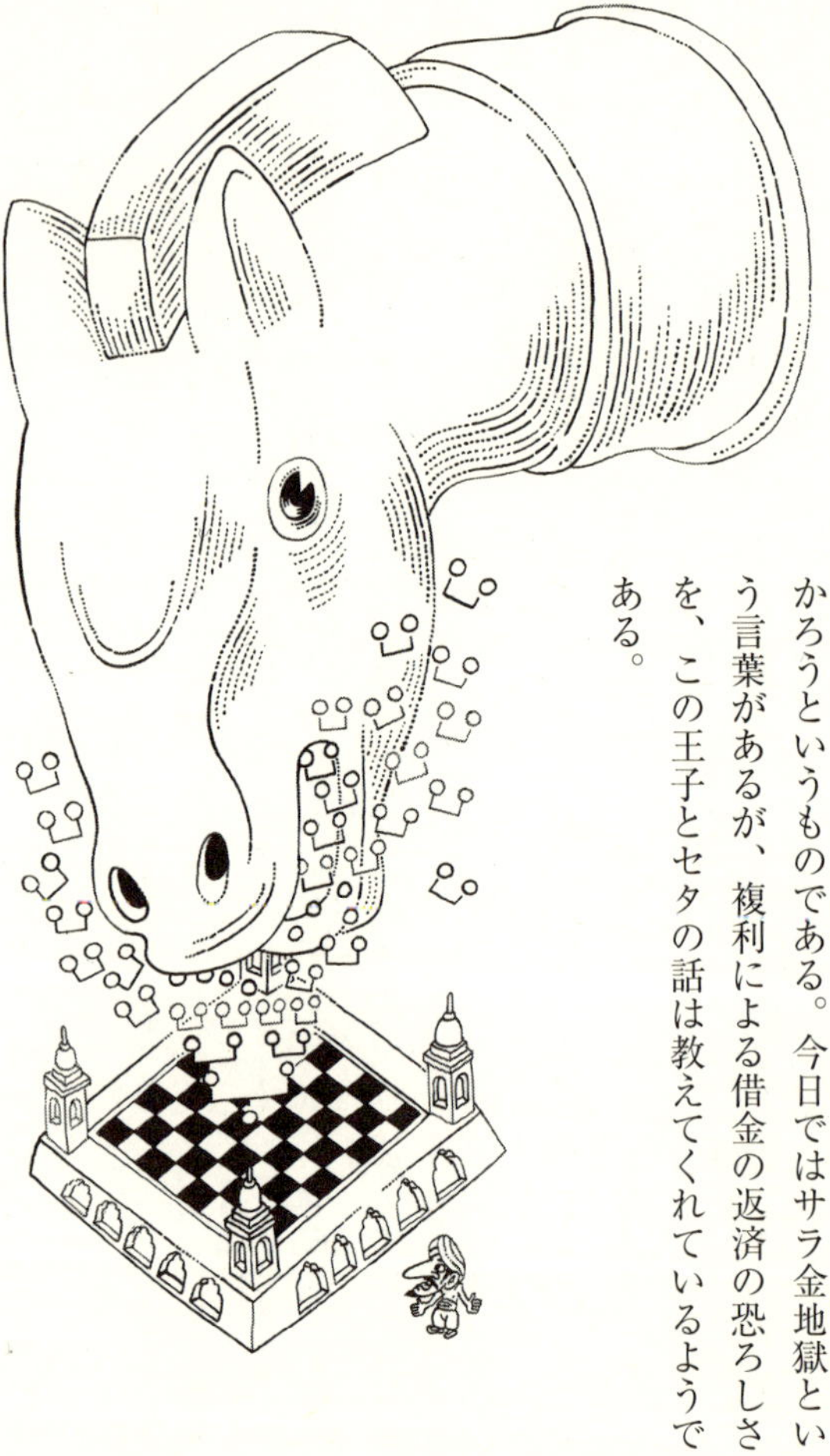

んな調子である。いかにネズミ算がすさまじいかわかろうというものである。今日ではサラ金地獄という言葉があるが、複利による借金の返済の恐ろしさを、この王子とセタの話は教えてくれているようである。

おもしろ数学 1

チャンスを理詰めで予測する
——コイン投げの必勝法

Q

ある賭けに関する本に、コイン投げの必勝法が載っていた。

「コイン投げとは、コインを指先ではじいて空中でにぎり、左手の甲の上に伏せ、それが表か裏かを当てるゲームだ。さて、まず相手に表か裏かをいわせ、そのあと、あなたがその反対をいえば、勝つ確率は高くなる」

これは本当だろうか。

A

相手に先に予想させると、10人のうち7人までが「表」と答えるという。しかし表が出るのは10回投げるうち5回の確率なのだから、相手に先にいわせれば、あなたの勝つチャンスは多くなる、というわけである。

ところが実際は、だれが先に表といおうが、裏といおうが、それにはまったく違いは生じない。その確率はまさに表か裏かの1/2ということになる。

おもしろ数学 2

そんなに高い確率とは思えないが……

——"感じ"と実際、ここまで違う

Q ある会合に24人の人たちが参加した。
この24人のなかに、誕生日が同じ日である人が1組はいる確率は?

A 1人の人物について、その人がたとえば1月1日生まれである確率は$\frac{1}{365}$である。

これを用いると、2人の誕生日が同じでない確率は、$1-\frac{1}{365}=\frac{364}{365}$になる。

3人目の人が、まえの2人と誕生日が同じでない確率は$\frac{363}{365}$になる。4人目の人が、まえの3人と誕生日を同一としない確率は$\frac{362}{365}$になる。

そして最後の人が、他の残りの人と同じ誕生日でない確率は$\frac{342}{365}$となる。

これらの確率は、おのおのが独立した事象の確率だから、24人の誕生日がまったく同じでない確率は、これらの積となる。すなわち、

$$P=\frac{365}{365}\times\frac{364}{365}\times\frac{363}{365}\cdots\cdots\times\frac{342}{365}$$

であって、これを根気よく計算すると、約$\frac{23}{50}$となる。したがって、誕生日を同じくする人が1組はいる確率は、1からこれを引けばよい。すなわち、$1-\frac{23}{50}=\frac{27}{50}$で、$\frac{27}{50}$が正解となる。直感では$\frac{1}{2}$以上もの確率だとは思えないのだが……。

おもしろ数学 3

時には知恵を絞りつくしてほしい

――「3つの数字」で最も大きな数を表現する

Q

1から9までの数字を3つだけ使って、最高に大きな数をつくってほしい。掛けても足しても、並べてもよい。制限は何もない。

A

最も大きい数をつくるのだから、9を3つ使ったほうがよさそうなことは見当がつく。

しかし、9×9×9とか、99×9など、いろいろ試してみても、ただ単純に、999と並べただけの数より大きくなりそうもない。では、どうするか――。

答えは平方させることである。もちろん単純な平方ではなく、平方をさらに平方させる、つまり9の9乗の9乗である。

この数がいくつになるか計算すると、1センチメートルの間に数字を2字ずつ埋めていっても、その長さは、日本列島北端から南端まであるというから驚きである。

第2章

【天才に挑戦】編

あなたはできる？
この「特別な頭の使い方」

「ゼノンの逆理」——こんな〝へりくつ〟になぜ騙されるのか？

紀元前5世紀ころのギリシャの天才的な哲学者ゼノンが主張したという有名な話に、「ゼノンの逆理」がある。

もともと逆理（パラドックス）とは、理屈はひととおり通っているようでいて、そのくせ結論が一般に真理と認められているものに反するので、非常に受け入れにくい、こじつけ的な議論のことである。ゼノンの逆理はその典型的なもののひとつで、『無限と運動についての4つ逆理』というものがある。

その中に、「アキレスと亀の話」が出てくる。アキレスというのは、古代ギリシャの神話やホメロス

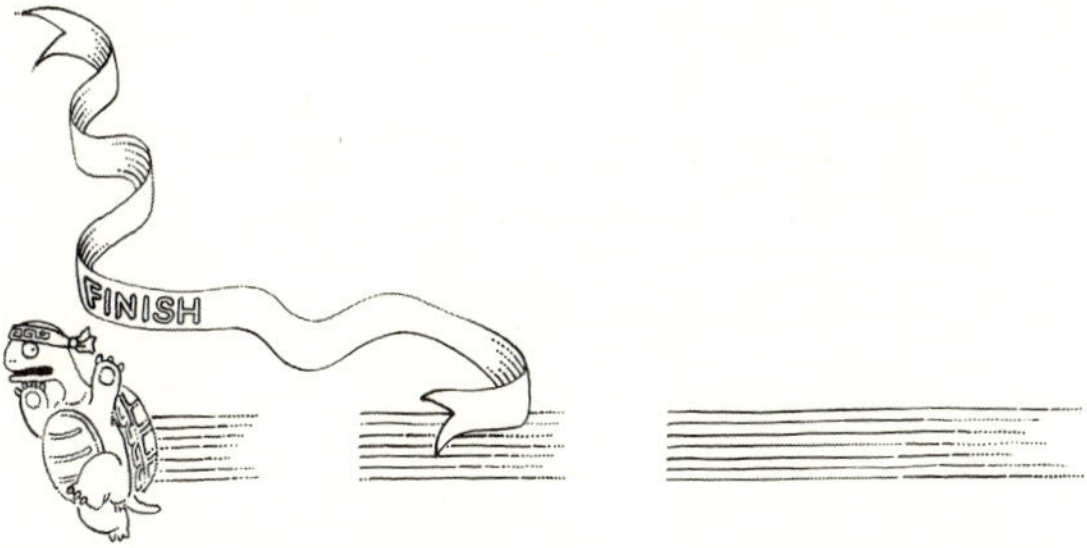

の『イリアス』に出てくる英雄だ。
「アキレス腱」という言葉でもなじみの深いこの英雄は俊足の代表でもあるが、おかしなことに、鈍足で有名な亀との競走で、アキレスはどうしても亀を追い抜くことができないというのである。
そのパラドックス（逆理）は、『競走において、速度の遅いものは決して速度の速いものに追い抜かれることはない。なぜなら、追っているものは、先を走っているものが走り去った点にまで到達しなければならず、その時点で先を走っている速度の遅いものは、ある距離だけ必ず前にいるからである』というものである。
なるほど、もっともだとも思えてくる。アキレスと亀の競走で、亀はアキレスの少し前にいて、同時にスタートする。アキレスが亀の出発した地点に達したとき、亀はその時間分走っているから、前の地点より前方にいることは確かだ。

この論法を続けると、アキレスはいかに馬力を出して走っても、足の遅い亀を永久に追い抜けないということになる。

しかし、アキレスと亀が同一直線を走り、アキレスが亀より速ければ、どれだけ亀が前にいても、いつかは必ず追い抜かれるはずだ。ナゾの原因はどこにあるのだろう。具体的な数字をあげて考えてみよう。

いま、仮に亀がアキレスよりも16メートル前にいて、両者の速さをアキレスが毎秒5メートル、亀を毎秒1メートルとする。もちろん、アキレスはもっと速いし、亀はもっと遅いはずだが、ともかくこのスピードだと仮定する。さて、どうなるか。

これを方程式で計算すれば、アキレスが亀にt秒後に追いつくとすると、その間にアキレスは5tメートル、亀はtメートル進み、両者の距離は16メートルだから、計算すると4秒後に追いつくことになる。出発してから4秒後にアキレスは亀に追いつき、次の瞬間からアキレスは亀の前方を走ることがわかる。

実際には、必ず追い抜けるのに、理屈では永久に追い抜けない。どこに問題があるのだろう。

じつは、t（＝時間）という条件を無視している点にあるのだ。前の具体例でいえば、出発してから4秒間はこの論法が成り立つが、時間という必要な条件を無視して、どこまでも論理を拡張していったところに落とし穴があったわけである。

「飛矢不動論」——〝いかにも正論〟を疑え！

ゼノンは、逆理の中に次の論理をあげている。

「すべての静止しているもの、運動しているものが、自分に等しい空間を占有しているのであれば、運動している物体は、常に瞬間的に静止していることになる。それゆえに動いている矢は動いていないのである」

飛んでいる矢は、動かないで静止している。なぜなら、矢が一定の位置を占めているときには、静止していなければならないからだ、という。ところが飛んでいる矢は点を無限に通過している。

このようにして、矢は限りなく多くの点を通らなければならない。ところが、ちょっとでも動くためには時間がかかる。しかも、無限の時間がかかる。矢がＡからＢにいくはずがない。

じつは、ここに注意しておくべきことがある。われわれはふつう、線は点の集まりだと考えている。つまり、庭の踏み石のように点が並んでいる。

だから、１つの点からとなりの点に渡るときに、なにがしかの時間に飛んでいる矢は、各時刻に一定の位置を占めている。

したがって、矢が運動することはできない。

次頁の図を見ていただこう。

矢がＡからＢにいくには、その真ん中M_1を通らなければならない。M_1にいくまでには、その中点M_2を通らなければならない。

こんな具合で、$M_1M_2M_3$……を無限に通る、ということなのだ。ひっかかりやすいカラクリである。

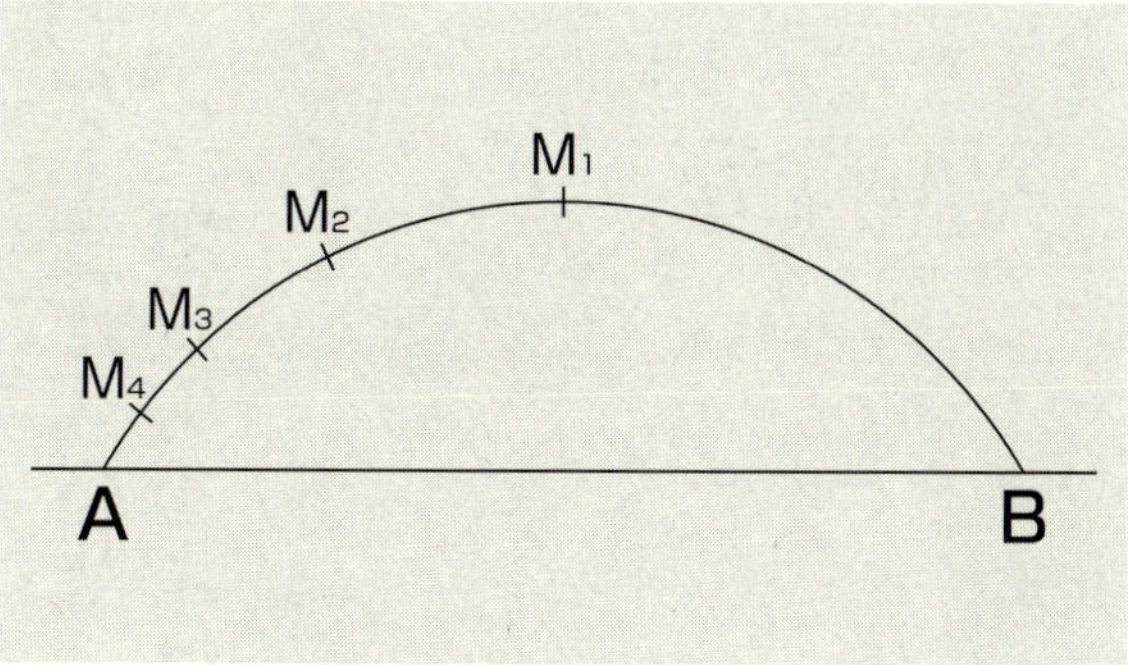

余談ではあるが、〝反数学〟として逆理をとなえたゼノンは、死刑にされかかったとき、王の前に立ちはだかるや、自分の舌をかみ切って、それを王の顔に吐きつけ、その場にドッと倒れたといわれている。

あるいは、こっそり教えたい秘密があるといって王に近づき、ガブリと王の耳にかみついて、首を斬られたあとも頭は王の耳にぶらさがっていたという説もある。

とにかくゼノンの一生は、多くの伝説にいろどられているということである。

「ケーニヒスベルグの橋」——解決のカギは、「点」と「線」の組み合わせ

第二次世界大戦まではドイツ領であった東プロシャに、ケーニヒスベルグという街があった。大哲学者カントは、この街に生まれ、ケーニヒスベルグ大学の教授であった。いまは、カリーニングラードという名になっている。

この街には、2つの川にはさまれた島になっている部分があり、その川には7つの橋がかかっていた。

ここで、ある人がおもしろい問題を出した。「この7つの橋を、同じ橋を2回は渡らないようにして、全部渡ることができるか」というのである。これが有名な「ケーニヒスベルグの橋」といわれるものだ。

Ⓐ

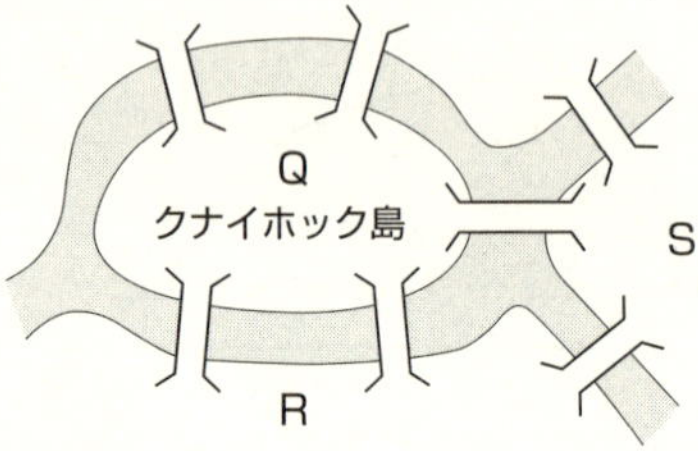

B

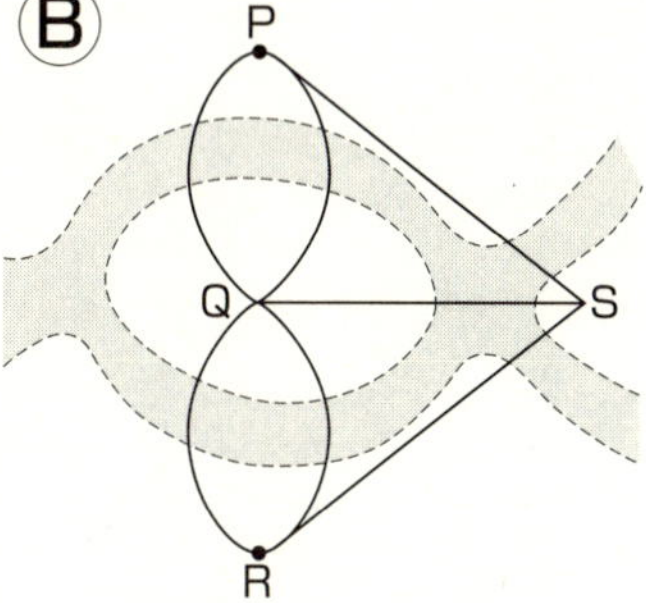

C

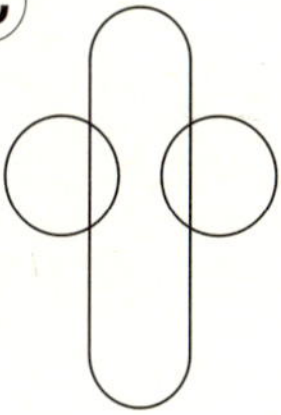

D

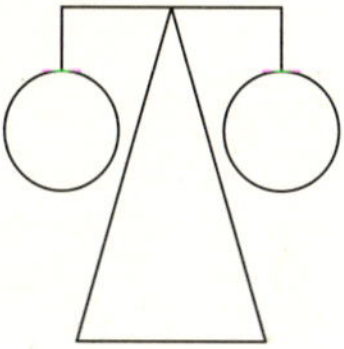

E

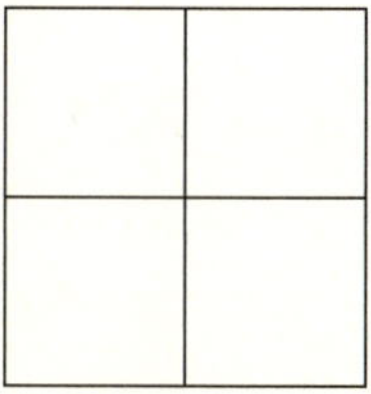

この問題を考えることで、一筆書きの原理をつかみ、そのための手順、経路といったことを検討してほしい。

＊　　＊

さて、実際にこの答えを出した人がいる。スイスの数学者であるレオンハルト・オイラーで、〝7つの橋をすべて渡ることはできない〟ことを証明したのだ。「解けないということを解いた」わけである。

オイラーは、3段階に分けてこの問題を処理している。

まず、第1段階として、問題の図をできるだけ単純なものに描き直した。Ⓑの図のように、地図の部分は点に置き換えて、P、Q、R、Sとしたのだ。

第2段階としては、4つの点を橋として結びつけ、図ⒸⒹⒺのような図形をつくった。つまり、オイラーは、橋渡りの問いが、この図を一筆で書けるかどうかの問題と同じだと考えたわけである。

オイラーの解き方の第3段階は、ここからはじまるわけである。キーポイントは、1点に集まる線の本数に着目していることだ。Ⓒの図形は、どの点にも、偶数本の線が集まっている。これは、よく考えると、偶数本の通過点だから、点がないのと同じになる。

またⒹでは、偶数本と奇数本が集まる点があるが、奇数本の点は2つだけで、その一方を出発点、他方を終点としたときだけ一筆書きができる。

Ⓔも、偶数本と奇数本の点が混ざっているが、奇数本の点は4つ以上だ。

このためⒺの図形は、出発点と終点以外の点が通れずに残ってしまい、一筆書きができなくなるという理屈だ。つまり、奇数本の点があるかないか、また、いくつあるかが、解決のカギになるわけである。

このように、図形を点と線との組み合わせとして分析する理論が、オイラーによって、はじめて確立され、これが位相幾何学（Topological geometry）の起こりとなった。Topoとは、「位置」という意味であり、Logicalとは「論理的」ということである。

「地球の大きさ」の測り方――簡単な数学知識をちょっと応用

〝地球が丸い〟ということについては、いまでは誰もが知っていることである。しかし、それはわずか500年前、コロンブスやマゼランの、命をかけた航海によって明らかにされていったものである。

ところが、なんといまから2000年以上も前に、地球が丸いことを知っていたどころか、地球の大きさまで計算した人がいるのである。

彼の名前はエラトステネス。古代ギリシャの数学者であり、天文学者・地理学者でもあった。

たいして精密な測量機械があったわけでもない時代に、彼が正確に地球の大きさを計測しえたのは、ひとえに数学の力に負うといってよいだろう。

さて、あなたなら、いったいどのようにして地球の大きさを測るだろうか、ちょっと考えてみてほしい。

＊　＊

まず、次頁の図を見てほしい。いま、円周の長さがわからない円Qがある。ＡＢの弧の長さは10センチメートルで、角ＡＯＢは90度であることがわかっていたとする。この円Qの円周の長さはいったいどのくらいになるだろうか。

ここで円の性質について知っておいてほしいことは、「弧の長さはその弧がつくる角度に比例する」ということである。平たくいえば、角度が45度の弧と90度の弧とでは90度の弧の方が45度の弧の2倍の長さになるということである。図でいえば、弧ＣＤは45度の角度をもち、弧ＡＢは90度の角度をもつから、弧ＡＢの長さが10センチメ

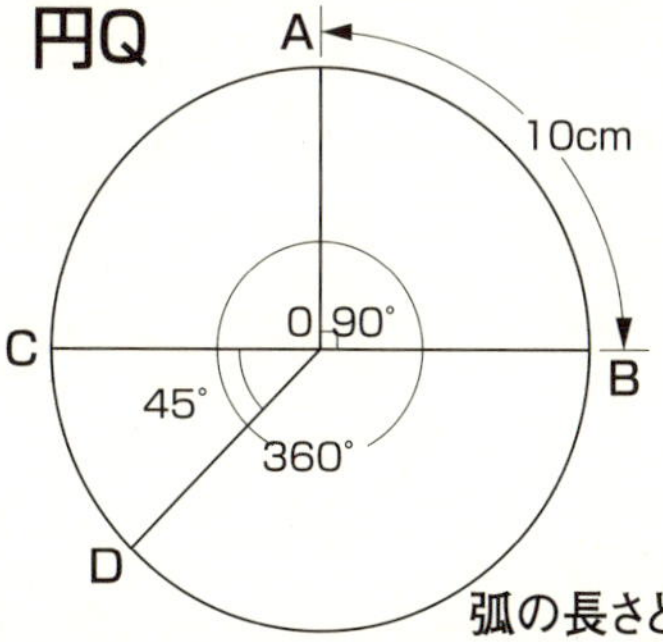

弧の長さと角度は比例する

ートルならば、弧CDは5センチメートルとなるというわけである。

この要領でいくと円Qの円周の長さは、

円周の長さ$=\frac{360}{90}\times 10=40$（cm）

ということになるわけである。

エラトステネスはこの考え方を応用した。

彼は、ある時期になると太陽が、決まってエジプトのシエネにある井戸の真上にくることを知っていた。また、そのときシエネから800キロメートルほど離れたアレキサンドリアから太陽を見上げてみると、7.2度傾いていたという。

さて、地球が丸いとするならば、次頁の図のようになるだろう。シエネ―アレキサンドリア間は800キロメートル、そしてその距離がつくる角度は7.2度である。先ほど説明した「弧の長さとその弧がつくる

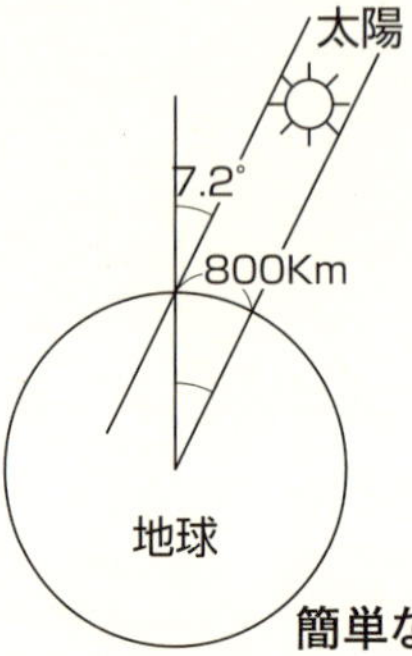

簡単な数字の知識さえあれば…

角度が比例する」ということから、地球の円周の長さは、

$$地球の円周 = \frac{360}{7.2} \times 800 = 40{,}000(\text{km})$$

となる。現在知られている赤道の長さが4万77キロメートルであることを考えれば驚異的な正確さだといえるだろう。

地球の大きさを測るだけでなく、人工衛星を打ち上げるときの初速も、いまのような簡単な数学の知識さえあればおおまかにはわかる。

現代社会で生きていくために、数学の知識がますます必要とされてきているが、基本的な数学の考え方さえきちんと身につけていれば解決できるケースが結構多いことがわかるだろう。

「ピラミッドの高さ」の測り方
——測量器具なんて、まったくいらない！

古代ギリシャ数学の開祖といわれるタ－レスのエピソ－ドに、ギリシャ王に命ぜられてピラミッドの高さを測ったという話がある。いまから2500年以上も前の有名な話である。

満足な測量器具のなかった古代に、いったいどうやってピラミッドのような巨大なものの高さを測ることができたのだろうか。

＊　＊

タ－レスは、同じ時間、同じ場所では、ものの長さが、その影と等しくなるという点を考え、ピラミッドの高さをその影によって測ることにしたのである。

まずピラミッドのかたわらに、木の棒を立て、棒の長さと影の長さが等しくなるのを待った。太陽がちょうどその棒に対して45度の角度に昇ったときに、その棒の長さと影の長さは等しくなるのである。

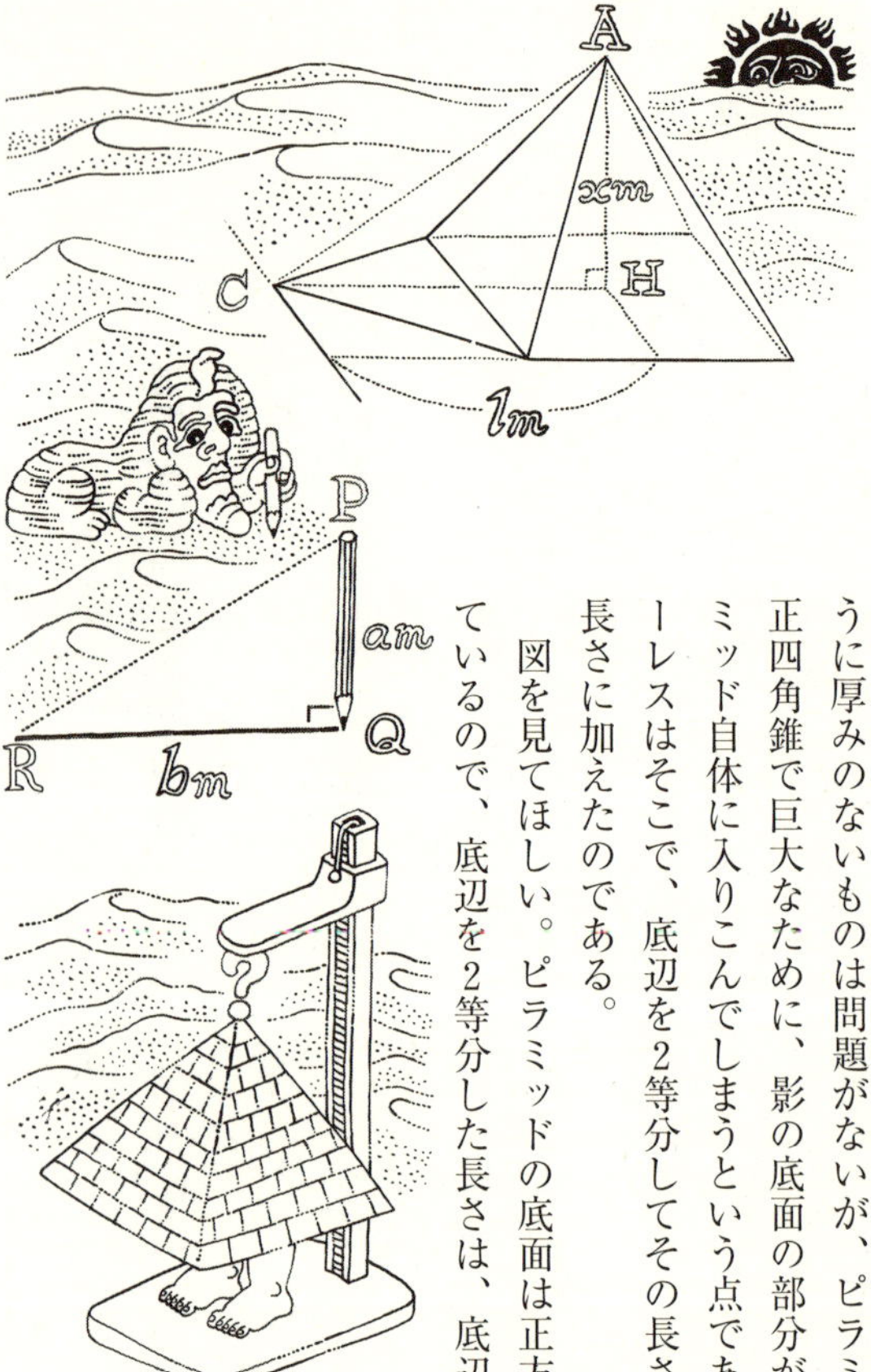

ところが、ここで問題点がある。木の棒などのように厚みのないものは問題がないが、ピラミッドは正四角錐で巨大なために、影の底面の部分が、ピラミッド自体に入りこんでしまうという点である。ターレスはそこで、底辺を2等分してその長さを影の長さに加えたのである。

図を見てほしい。ピラミッドの底面は正方形をしているので、底辺を2等分した長さは、底辺の中央

から正方形の中心までの長さと等しくなるのである。

そこで、ピラミッドの高さxメートルを求めた。長さaメートルの棒の影の長さがbメートルであるとき、$\triangle PQR \backsim \triangle AHC$より、$\frac{PQ}{AH}=\frac{RQ}{CH}$　つまり、$\frac{a}{x}=\frac{b}{l}$　$\therefore x=\frac{al}{b}$という計算で測定することができるのである。

もうひとつターレスの測定方法をとりあげてみる。

海岸A点から、海の向こう側の島に古寺Bが見えている。

直接、距離を測ることはできないが、どうすればＡＢ間の距離を求められるだろうか？

＊　　＊

海岸に沿って適当な距離ＡＣをとる。

次に、ＡとＣの2点から古寺Ｂを見て、ＡＣを底辺とした直線ＢＣの角度（ＢＣＡ）と直線ＡＢの角度（ＢＡＣ）を測る。

さらに、ＡＣの反対側にそれぞれと等しい角をつくり、その直線が交わる点をＢ′とする。

するとＡＢ′の長さが、Ａから古寺Ｂ地点の距離に等しいので、ＡＢの距離が求められる。

「ギリシャの三大難問①」――これが解けそうで解けない！

いまから二千数百年前、ギリシャのアテネに、ソフィストと呼ばれる人たちがいた。彼らは、人びとに難問をふきかけ、困らせてはよろこんでいた。いわゆる詭弁《きべん》がうまくて、間違っていることを正しいように言いくるめたり、正しいことを間違いであるかのように導いたりなどしたのである。

また、数々の難問を考え出したが、その中でもっとも有名なのが「作図の三大難問」といわれるものだ。そのひとつである〝角の3等分〟の作図問題についてふれることにする。

「定規とコンパスだけを使って、任意の角度を2等分せよ」

という問題はみなさんがご存知のとおりである。

次頁の図を見てほしい。任意に与えられた角をXOYとすると、まずこの角の頂点Oを中心として適当な長さの半径で円を描き、角XOYの辺OX、OYとの交点を、

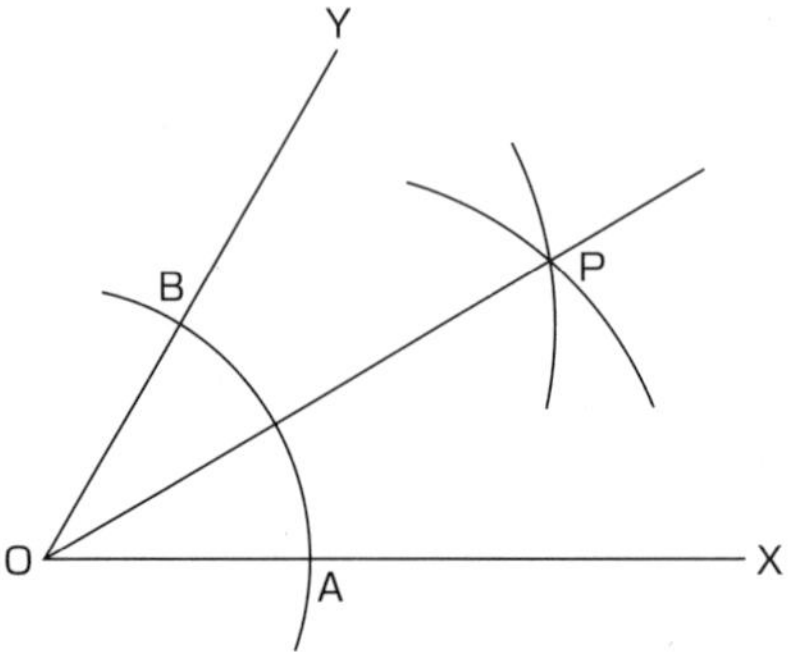

それぞれA、Bとする。

　次に、点AとBを中心として、適当な同じ長さの半径で円を描き、そのO以外の交点をPとする。このとき、OとPを結ぶ直線は与えられた角XOYを2等分する。

　古代ギリシャの数学者たちは、ここからさらに発展させて、次のような問題を提案した。

「定規とコンパスだけを使って、任意の大きさの角を3等分せよ」

　たとえば、角XOYを3等分するには、次頁の図のように、①半直線OXをOから左のほうへ延長し直線XZとする。②中心がOの円を描き、OX、OYとの交点をA、Bとする。③定規上に距離OBを写しとり、図のように、2点をA′、B′をとる。つまり、点A′は半直線OZ上に、点B′は円Oの周上にく

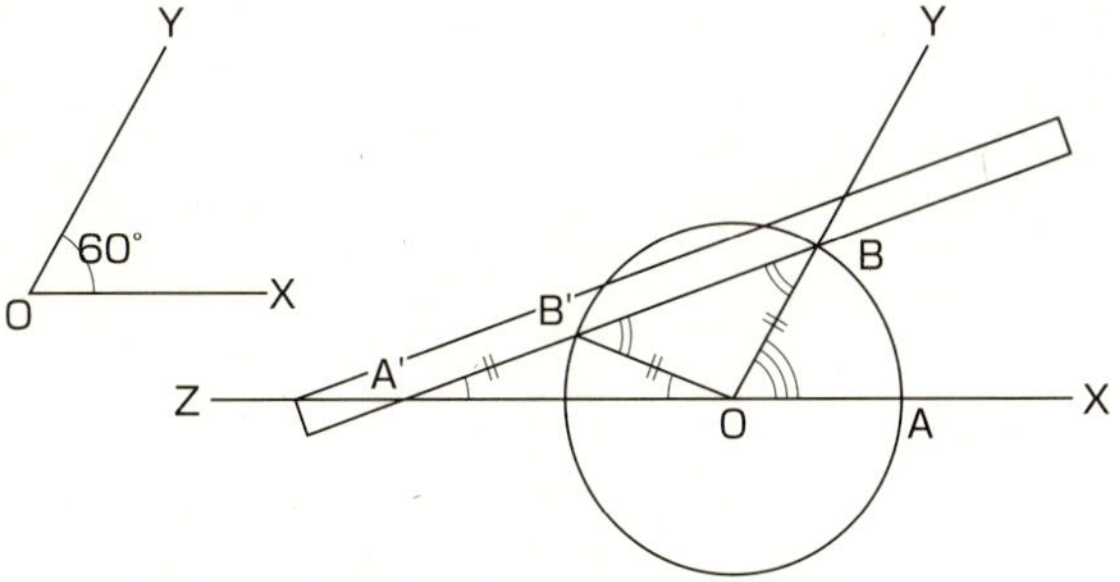

るようにし、これらの2点と点Bとが、一直線上に並ぶようにして直線を引くのである。

　角AA'Bの大きさが、角XOYの大きさを3等分したものになっている。

　このようにして、実際に角が3等分できるかどうか、たとえば、60度の大きさの角を描いて確かめてみるとよい。

　ところで、ここで述べたような角の3等分のしかたは、作図問題の条件にあてはまらない。それは、③のような定規の使い方に問題があるからである。ここでは、定規で長さを写しているが、長さを写す機能が与えられているのはコンパスである。

　こうして彼らは、定規とコンパスだけを用いる作図法（幾何学的作図法）を探した。

　しかし、一見、すぐに解けそうなこの問題だが、どんなに努力しても、ついに作図することができず、これが解決したのはワンツェル（1814〜48年）の時代になってからで、結局は直線を引く定規と長さを写すコンパスだけでは作図ができないことがわかったのである。つまり、解けないということが解けたのである。

「ギリシャの三大難問②」——ある円の面積と等しい正方形を描けるか？

次は、「円積問題」である。

古代エジプトの『リンド・パピルス』（紀元前16世紀ごろ）には、円の面積を求める方法を、

「その直径の $\frac{8}{9}$ を一辺とする正方形の面積を求めればよい」

と書き示している。

これは、もちろん近似的な解法であるが、この方法で直径2の円の面積を求めてみ

ると、

$\left(2\times\frac{8}{9}\right)^2=\frac{256}{81}=3.1604\cdots\cdots$

のようになる。

これは、円周率を、3・1604……と考えた近似値になっている。

さらに正確に、〝与えられた円と面積の等しい正方形を作図せよ〟についても、古代ギリシャの数学者たちによっていろいろな研究がなされたが、もっとも有名なのはヒポクラテスの研究である。

彼の発見した三日月は曲線で囲まれた図形でありながら、直線で囲まれた図形と面積が等しいというものであった。

この問題についても、長い間、定規とコンパスだけで作図ができるのではないかと思われていたのだが、解けないことが明らかになったのは、19世紀になってからである。

つまり、作図不能ということである。

「ギリシャの三大難問③」——プラトン先生もサジを投げた！

最後は、「デロスの問題」といわれるものである。

この問題の起こりについては、次のような伝説が伝えられている。

紀元前500年ごろ、ギリシャのデロス島に悪疫が大流行した。これを神の怒りと信じた島民は、アポロンの神殿にもうでたところ、「わが神殿の前にある、立方体の形の祭壇を、形は立方体のまま体積を2倍にせよ。そうすれば疫病はおさまるだろう」とお告げがあった。

そこで祭壇をⒶ図につくりかえて献上したが疫病はおさまらなかった。そこで、再びアポロンの神に

〈デロスの問題〉

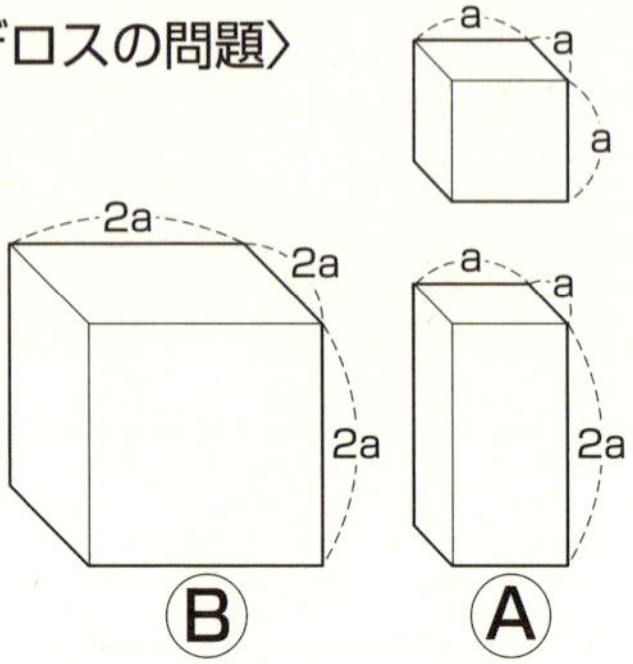

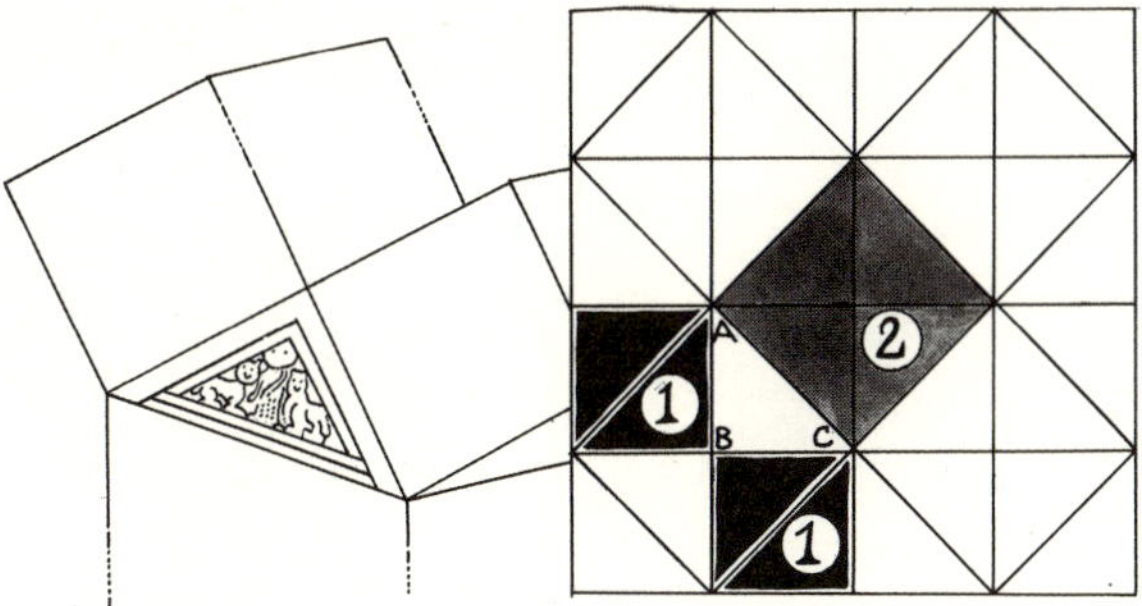

うかがうと、「それは、体積はたしかに2倍であるが、立方体ではない」といわれた。次に、Ⓑ図の立方体をつくったが、これも効果がない。いよいよ困った島民は、当時有名な数学者であった、プラトンに相談に行った——と。

こうして別名「立方倍積問題」も、未解決の難問として後世に伝えられた。

上図を見てほしい。直角三角形ＡＢＣの、辺ＡＢを一辺とする正方形の面積と、辺ＢＣを一辺とする正方形の面積を加えたものは、斜辺ACを一辺とする正方形の面積に等しい、ということは、ピタゴラスの定理の特別な場合に成り立つ。そして、辺ACを一辺とする面積は他の一辺を辺とする正方形の面積の2倍であることもわかる。

これは定規とコンパスだけを使って簡単に解くことができるのである。

そこで次にこの「デロスの問題」、つまり、〝任意に与えられた立方体の2倍の体積をもつ立方体を作図せよ〟という立方倍積問題に取り組んだのである。

しかし、この問題も、ギリシャ時代から2000年以上もたった19世紀になって「解けない」ということが証明されたのである。

おもしろ数学 4

"フラッシュ"で勝つ確率は？

——ポーカー・フェイスをどこまでよそおえる？

Q　トランプ・ゲームの代表は、なんといっても、「ポーカー」だろう。ところで、ジョーカーを除く52枚のカードから、3枚のスペードと2枚のスペード以外のカードが配られたとき、その2枚を捨てて、新しく2枚を引き、しかもこの2枚がそろってスペード（スペードが5枚そろう。つまり、フラッシュになる）である確率はどうだろうか。

A　手元にこなかった47枚のカードのうち、10枚がスペードであるから、新しく引くカードの最初の1枚がスペードになる確率は$\frac{10}{47}$。最初の1枚がスペードなら、残り1枚のカードがスペードになる確率は$\frac{9}{46}$。この2つを掛けると、およそ$\frac{1}{24}$になる。したがって、同種の3枚の手札からフラッシュになる見込みは、23対1であるといえる。

おもしろ数学 5

くじ引きに先手必勝はありうるか？

――損得の証明

Q 10本のくじのうち、当たりくじが3本あるとき、最初に引くAと、2番目に引くBとはどちらが有利だろうか。

A 2つのケースに分けて考えてみよう。

①Aが当たり、Bも当たるとき――Aの当たる確率は$\frac{3}{10}$。残り9本のうち、当たりくじは2本だから、Bの当たる確率は$\frac{2}{9}$。したがって、Aが当たり、Bが当たる確率は、$\frac{3}{10}\times\frac{2}{9}$となる。

②Aが当たらないで、Bが当たるとき――Aの当たらない確率は、$\frac{7}{10}$。Bの当たる確率は$\frac{3}{9}$。よってAが当たらないでBが当たる確率は$\frac{7}{10}\times\frac{3}{9}$となる。

①、②は同時には起こらないから、$\frac{3}{10}\times\frac{2}{9}+\frac{7}{10}\times\frac{3}{9}=\frac{27}{90}=\frac{3}{10}$となり、Aの当たる確率$\frac{3}{10}$と等しい。したがって損得はない。

第3章

【知的好奇心】編

信じられないことが起こる「神秘の数学」

賭博師がパスカルにもちかけた、やっかいな相談事とは?

1枚の硬貨を投げたとき、表と裏のどちらが出るかは、まったく偶然に頼るしかない。

そこで、表や裏の出る「確からしさ」が問題になってくる。

ところで、確率は17世紀フランスの貴族の間に流行した、サイコロ賭博から生まれたといわれる。

シュバリエ・ド・メレという賭博師が、賭博上の理由から、当時、フランスで活躍していた数学者ブレーズ・パスカルを訪ねて、次のような問題について相談したらしい。やはり学問は現実の必要から生まれるのであろう。

この問題は、パスカルのあと、ヤコブ・ベルヌーイ、レオンハルト・オイラー、シンプソンなどによって発展し、ピエル・シモ・ラプラースによって集大成された。

その相談の内容は、

	Aの勝ち											Bの勝ち				
	1	2	3	4	5	6	7	8	9	10	11	12	13	14	15	16
1回	A	A	A	A	B	A	A	A	B	B	B	A	B	B	B	B
2回	A	A	A	B	A	A	B	B	A	A	B	B	A	B	B	B
3回	A	A	B	A	A	B	B	A	A	B	A	B	B	A	B	B
4回	A	B	A	A	A	B	A	B	B	A	A	B	B	B	A	B
	11通り											5通り				

「同じ技と力をもった2人が勝負をしていて、勝負がつかないうちに、そのゲームを打ち切りたいとする。勝負がつくのに必要な点と、2人のそれまでの得点が与えられたとき、かけ金は、2人の間でどう分けたらよいだろうか」

というのであった。

パスカルは、はじめてぶつかった問題のため、即答はできかねた。そこで彼は、当時、一流の数学者として有名だったピエル・ド・フェルマーに手紙を書き、この問題を解決するための協力を求めたのである。

フェルマーは、2人をA、Bとよび、たとえば、勝負がつくのに必要な点が10点、ABのそれまでの得点がそれぞれ8点、7点という場合をとりあげて検討している。そうすると、Aが勝つにはあと2点、

Bが勝つにはあと3点必要だということになる。このときは、あと4回勝負して決着がつき、かけ金の配分は、11：5にすればよい、という結論をまず出してパスカルに示した。

AとBとを組み合わせると、この組み合わせの4回分の勝負は、$2^4=16$で、16通りある。それは、AAAA，AAAB，AABA……BBBBのようなもので、このうち、Aが2回またはそれ以上出現すればAは有利であって、それは11通りである。一方、Bが3回またはそれ以上出れば、Bが有利で、それは5通りあるからだ、という内容である。

この結果を知らされたパスカルも、ちょうど同じ結論に到達しており、パスカルはこれに力をえて、さらにめんどうな事例を考究していった。これが、確率が世に論ぜられた最初のできごとだと伝えられている。

＊　　＊

ところで、10円硬貨を投げたとき表が出るかどうか、また、サイコロを投げたとき1の目が出るかどうかは偶然に左右されることであり、結果を確実にいうことはできない。さらに、ある家に1日10回以上電話がかかっているかどうかも偶然に影響され

ている。

　このように、結果が偶然に左右される実験や観察において、いろいろな結果の起こりやすさを問題とするとき用いられるのが、確率の考え方である。

　サイコロを投げる実験では、もし、そのサイコロが正しく立方体に作られているならば、どの目が出るかは同じ程度に期待できる。したがって、たとえば、1の目の出る割合は6回に1回の割合であると考えられる。つまり、くり返し何回もサイコロを投げるならば、1の目の出る相対度数は$\frac{1}{6}$に近づいていくはずである。

　このように結果が偶然に左右される実験や観察において、ある特定の結果に着目したとき、そのことがらの起こることが期待される割合を、そのことがらの起こる確率という。

同じように、10円硬貨を投げるとき、表が出るか裏が出るかは、同じ程度に起こりやすい。

したがって、表が出ることが期待される割合は、投げる回数の1/2である。同様に、裏が出ることが期待される割合も1/2である。このようにして確率が求められたのだ。

＊　＊

ここにおもしろいデータがある。

「表なら表だけというように、同じ面だけを、続けて50回出すことのできる確率は？」

というテーマのもとに、ある研究がなされ、次のような数字が導き出されたという。

勝負者100万人が、6秒に1回の割合で週に46時間コインを投げ続けたとしても、900年に1回起こる確率だという。

聖徳太子が20歳の成人記念に預金を始めたら……

われわれがふだん使っている数は、宇宙の大きさなどからすればほんの小さなものでしかない。

たとえば、北極星までの距離でも、7.6×10^{15}（km）というものすごい大きな数になる。これは、「７６００兆キロメートル」と読むが、では、１０００兆以上の数は、どのように読むだろうか。

１６２７年に吉田光由《みつよし》が、中国の『算法統宗』（１９５２年刊）にもとづいて日本人向きにしたためた『塵劫記』という数学書がある。これによると、兆以上の数の単位は、4桁（1万倍）ごとに、京《けい》、垓《がい》、秭《じょ》、穣《じょう》、溝《こう》……と続くとしている。

この位取りの研究は、インドに起こり、中国を経て日本に伝えられたもので、紀元190年ごろ、漢代の『数術記遺』という書物の中に、すでに載《さい》の位の数が表れている。

恒河《こうが》沙《しゃ》というのは、恒河、すなわち、ガンジス河の沙（砂）の数と同じくらい大きな数という意味で、阿僧祇《あそうぎ》、無量大数などは仏教用語である。

ところで、誰かが聖徳太子の誕生から20年後の成人を記念に、1日1円を銀行に預け入れたと仮定しよう。年利4パーセントの複利計算では、1995年に元利合計はいくらになっているだろうか。

計算してみると、この1円は、約6.56×10^{23}(円)、すなわち、656,000,000,000,000,000,000,000(円)に増えているのだが、さて、この数は何と読むだろうか。

前頁の図を参考にして、まずは考えていただきたい。

(↓正解は「6560垓《がい》」)

＊　＊

1より小さな数の呼び方も、やはりインドから中国を経て伝えられたもので、次頁の図のようになる。

これを見ると、微《び》、繊《せん》、塵《じん》などという言葉は、日常でもごく小さなものを表すものとして使い、虚空《こくう》、清浄《せいじょう》などは、ほとんどなにもない状態を意味するので、非常に小さなものを指しているということがわかる。

なお、虚空、清浄は、虚・空・清・浄の4つの名称として使われることもある。

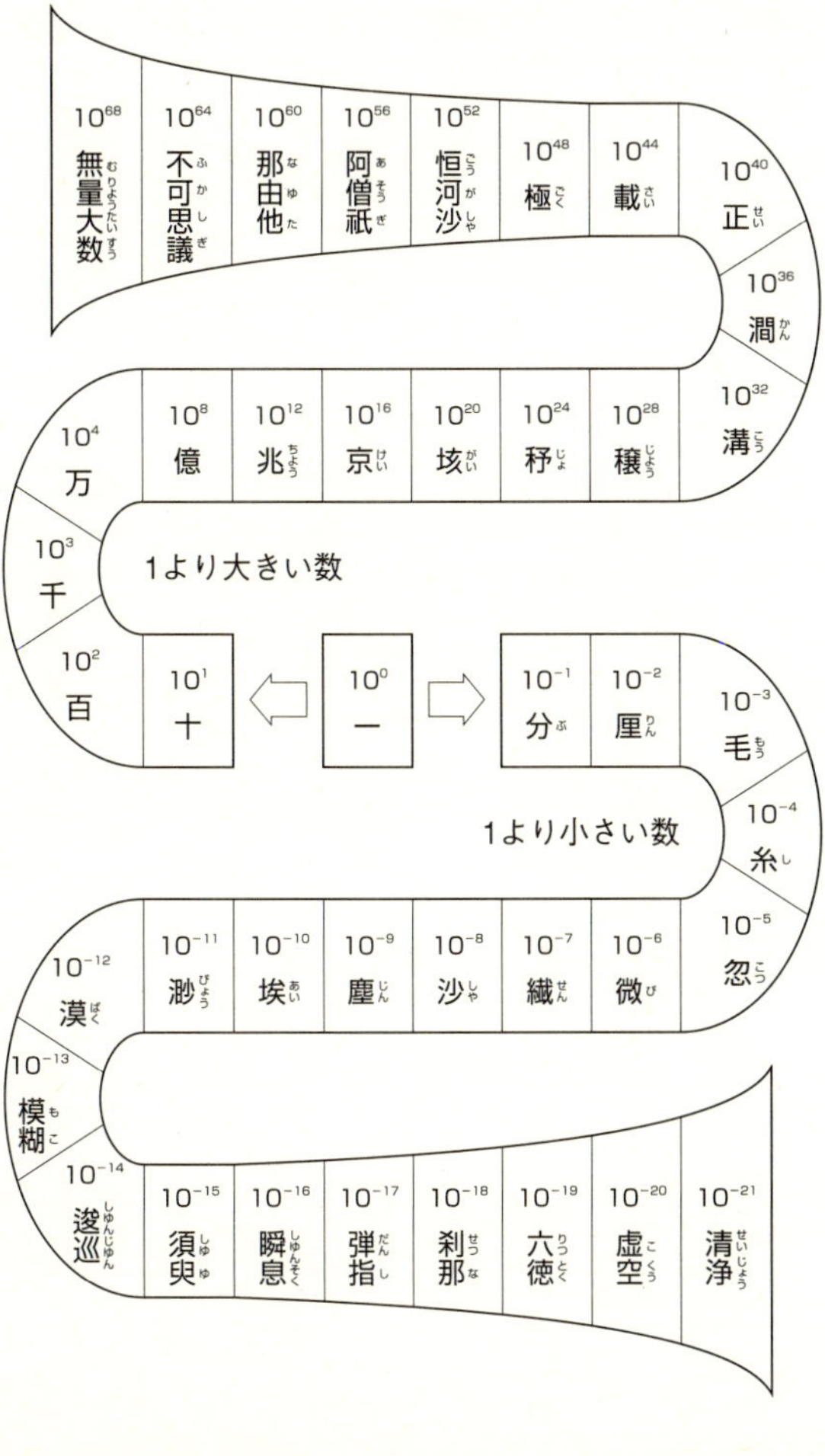
10^{68} 無量大数《むりょうたいすう》
10^{64} 不可思議《ふかしぎ》
10^{60} 那由他《なゆた》
10^{56} 阿僧祇《あそうぎ》
10^{52} 恒河沙《ごうがしゃ》
10^{48} 極《ごく》
10^{44} 載《さい》
10^{40} 正《せい》
10^{36} 澗《かん》
10^{32} 溝《こう》
10^{28} 穣《じょう》
10^{24} 秭《じょ》
10^{20} 垓《がい》
10^{16} 京《けい》
10^{12} 兆《ちょう》
10^{8} 億
10^{4} 万
10^{3} 千
10^{2} 百
10^{1} 十
1より大きい数
10^{0} 一
10^{-1} 分《ぶ》
10^{-2} 厘《りん》
10^{-3} 毛《もう》
10^{-4} 糸《し》
1より小さい数
10^{-5} 忽《こう》
10^{-6} 微《び》
10^{-7} 繊《せん》
10^{-8} 沙《しゃ》
10^{-9} 塵《じん》
10^{-10} 埃《あい》
10^{-11} 渺《びょう》
10^{-12} 漠《ばく》
10^{-13} 模糊《もこ》
10^{-14} 逡巡《しゅんじゅん》
10^{-15} 須臾《しゅゆ》
10^{-16} 瞬息《しゅんそく》
10^{-17} 弾指《だんし》
10^{-18} 刹那《せつな》
10^{-19} 六徳《りっとく》
10^{-20} 虚空《こくう》
10^{-21} 清浄《せいじょう》

倍率	呼び方	記号	倍率	呼び方	記号
10^{-1}	デシ	d	10^{12}	テラ	T
10^{-2}	センチ	c	10^{9}	ギガ	G
10^{-3}	ミリ	m	10^{6}	メガ	M
10^{-6}	マイクロ	μ	10^{3}	キロ	K
10^{-9}	ナノ	n	10^{2}	ヘクト	H
10^{-12}	ピコ	p	10	デカ	da

最近では、国際的な呼び方として、たとえば、原子爆弾などの威力をしめす言葉として「メガトン」が使われたり、コンピュータの速さに対して「マイクロ秒（100万分の1秒）」、「ナノ秒（10億分の1秒）」が用いられたりする。

3分間で、1/71という分数を小数に変えてほしい！

19世紀の偉大なドイツの数学者フリードリッヒ・ガウスは、11歳のころ、1/71という分数を小数に直すのにわずか2～3分でやってのけたという有名な話がある。

ところで、あなたは何分でできるだろうか。

＊　　　＊

この分数は、どこまで計算していっても割り切れることはない。しかも、小数第1位から第35位までの一連の数字がくり返されている。

このように、分数を小数に直したとき、小数部分が循環するもの（循環小数）の簡単な例として1/3があるが、これは0.333……というように、3だけが循環している。

1/71は、循環する一連の数字が長いものの代表的な例といえよう。

ガウスのやり方によれば、この計算は、実は第7位まで割れば、あとは無限軌道の上を走るように楽しく計算できるのだ。

第7位まで割っていくと、余りの5が出る。

第1位の余りは10だから、商の第2位から先の140845……を2で割っていけば、第8位から先の070422……が自動的に出るのだ。それを、140845070422……と続けて、どこまでも2で割っていく。

このようにして、商の数字35桁が自然に出てきて、循環小数の一連の数が続く、しかも、らくに出てくるのだ。

ところで、$\frac{1}{71}$を35桁も出して何になるだろう？

これは、71での割算に利用できるのだ。

たとえば、$\frac{2}{71}$は、0.0140845……を2倍すればよい。もちろん、終わりから掛けていては大変だから頭から掛けるのだ。そうすると、はじめのところは、0.02816……となる。そこで、循環小数0.01408450704225352112676056338 028169……の点線で囲んだところに目をつけて、$\frac{2}{71}$ = 0.0281690140845……が得られる。つまり、$\frac{2}{71}$の循環する一連の数0281690……は、$\frac{1}{71}$の循環小数0140845……を、単に循環的に順序を変えたものにすぎない。

これは、$\frac{2}{71}$の展開における最初の余りは、$\frac{1}{71}$の展開の中にもある。したがっ

```
      0.01408450704225352112676056338028169
71 ) 100
      71
     ----
      290
      284
     -----
        600
        568
       -----
         320
         284
        -----
          360
          355
         -----
            5
```

て、この一致した余りの後の割算は、まったく同じでなければならないことから明らかだ。

では、$\frac{7}{71}$はどうだろう。$\frac{7}{71}$＝0.098……になるが、$\frac{1}{71}$の循環する数字の中には、98という数字は出てこない。しかし、$1-\frac{1}{71}=\frac{70}{71}=0.9859……830$と考えれば、$\frac{7}{71}=0.09859……830$として求められるのだ。

どんな図形の面積も自在に出せる！
——知って便利な「ヘロンの公式」

現在50歳代後半より上の人にとっては、数学といえば、すぐに「解析」とか「幾何」という言葉が浮かんでくるだろう。その次の世代になると「代数」「幾何」と覚えている人が多いようである。

年代を問わずなじみの深い、この「幾何」という言葉は、英語のgeometryの訳語であるが、この語源はギリシャ語のge・metrein（土地を測るという意味）である。

明治のはじめには、幾何学を測量術とか量地術と訳した人もいた。幾何という言葉は、有名なイエズス会の宣教師マテオ・リッチが17世紀のはじめ、中国でユークリッドの『原論』を訳したときに使ったもので、geometryの最初のgeoの音訳であるといわれていることと、幾何という言葉に「いくらか」という意味が含まれていたので、土地や図形の面積を測る学問を「幾何学」と呼んだわけである。

この項では、曲線をもたない図形ならば、どんな形の図形でも面積が求められる方

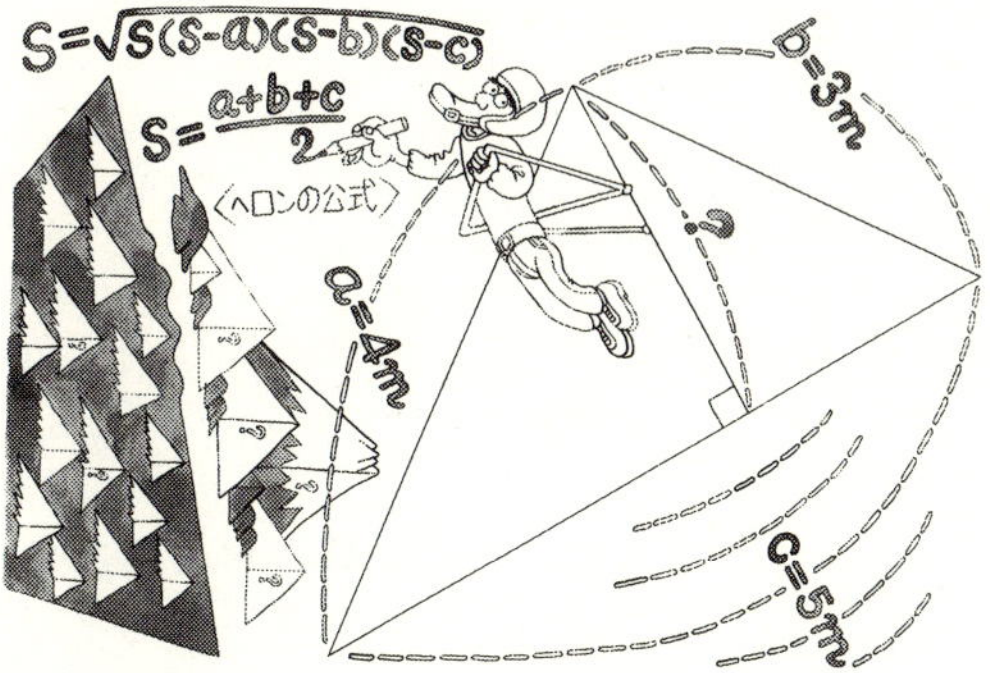

法について述べてみよう。あなたも土地を買われた場合などには、さっそく応用してみるとよいだろう。

＊　＊

まず、紙上に任意の3点をとり、三角形をつくっていただきたい。そしてその面積を測ってほしい。三角形の面積の公式は高さが正確に測れない場合には使えない。さあ、どうするか。

そこで、だまされたと思って次のようにして計算してみてほしい。まず、三角形の3辺の長さをa、b、cとし、その3辺の和を2で割ったものをsとすると、三角形の面積Sは、

$$S=\sqrt{s(s-a)(s-b)(s-c)}$$

で求めることができる。ちょっと計算はややこしくなるが、3辺の長ささえわかれば必ず面積がわかるはずである。この式は「ヘロンの公式」と呼ばれ、

三角形に分解して考えてみる

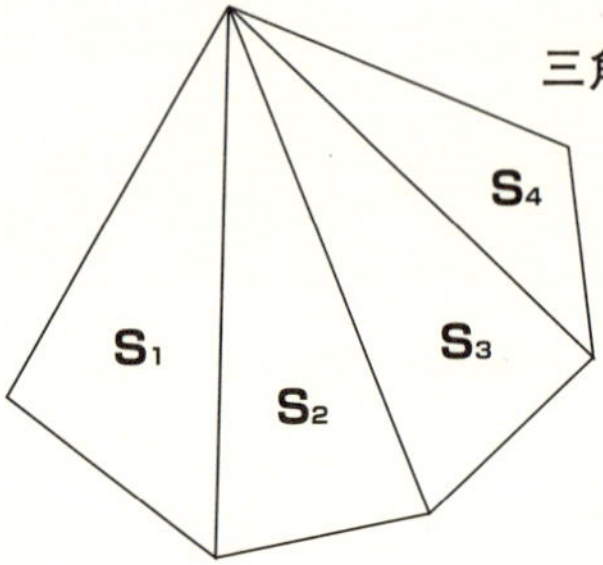

$S=S_1+S_2+S_3+S_4$

非常に便利な式なのでひとつ手帳にでもメモしておいていただきたいものである。きっとお役に立つものと思う。

たとえば、上図のような六角形であっても、必ずいくつかの三角形に分けることができる。

それぞれの三角形の面積はヘロンの公式でわかるはずだから、全体の面積はそれを単純に合計すればよいわけである。曲線をもたない図形ならば、たとえ百角形であっても必ずいくつかの三角形に分けることができるから、万能の面積測定法といえるだろう。

この公式は、２０００年以上も前、アレキサンドリアの数学者ヘロンがその著書で証明している。

黄金分割――美しさの秘密は、すべてその「比率」にあり

昔からミケランジェロやレオナルド・ダ・ビンチの絵が好きだという人や、自分でも時々絵を描くという人は気づかれているかもしれないが、安定感があり、何となく〝美しいな〟と感じる絵というのは、実はそのほとんどがある同一の比率でできているのである。

もちろん、ミケランジェロやダ・ビンチがはじめからそういう事実を知っていて、その比率に合わせて絵を描いたり彫刻をしたというよりも、いつのまにかその比率になっていたというほうが真実に近いだろう。これはおそらく、人間が本来もっている美的感覚にピタッとくるからだろう。

このように、数の性質というのは規則正しいというにとどまらず、人間の深層心理にまでもかかわるような、感覚的なものにまで強くうったえるものがあるのである。

これは〝フィナポッチの数列〟と呼ばれるもので、1：1.618という比率のことで

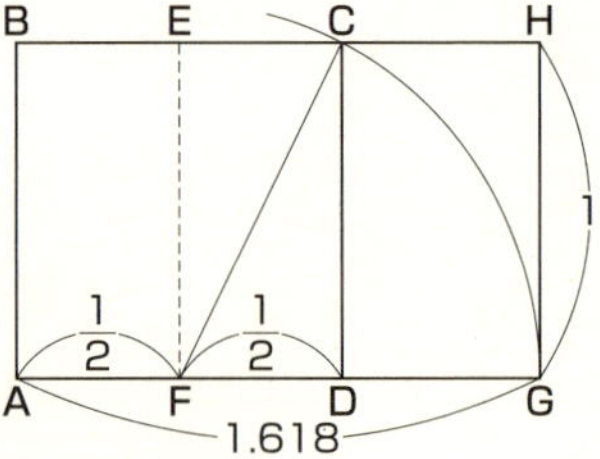

AB:AG=1:1.618

（正しくは、1:$\frac{1+\sqrt{5}}{2}$）

ある。これは、別名〝黄金比〟とも呼ばれ、そのバランスの美しさは、何世紀にもわたって人々の美的感覚を魅了してきたのである。

　この黄金比を、巧みに表現できる図形が〝黄金矩形〟である。これは、2辺がたがいに魔術的ですらある美しい関係をもつという。

　なお、この比で長さを分けることを黄金分割といい、建築・彫刻・絵画など様々な分野で取りいれられてきている。

　上図の長方形の2辺は、黄金比になっている。

　次頁の図の四角形ABEF、FDHG、IHCJ、KLJE、GMNKは正方形で、曲線は、正方形の1つの頂点を中心として描いた4分円の弧で、これらをつなげていくと、とても美しい曲線になる。

A
F
D
MI
G
H
K
L
N
B
E
J
C

ある大数学者の墓碑に、こんな方程式が刻まれていた！

中国の後漢時代の『九章算術』（9つの章からできているが、第8章は「方程」で、今日の連立方程式などがとりあげられている）という数学の名著に、次のような問題がある。

「上等の稲束5つから実1斗1升（＝11升、1升＝1.804ℓ）をへらすと、下等の稲束7束に相当する。上等の稲束7つから実2斗5升をへらしたら、下等の稲束5束に相当した。上、下等の稲の実は1束につきいくらずつあるか」。

これを現代の数学を使って表すと、その解法が上図のように書かれている。

これは、上下の稲の実を1束につきそれぞれx升、y升とすれば、$5x-7y=11$　$7x-5y=25$と書くことのできる古代調方式である。このように、方程式は、紀元後8年より220年までの時代に中国で確立していたのだ。

＊　＊

幾何学王国であるギリシャでは、たくさんの幾何学者が輩出したが、代数学者はごくわずかであった。ディオファントスはその代表的な数学者で、『アリトメティカ』13巻を著作し、記号による方程式を解いた最初の人でもある。その彼の墓碑には、次のような詩が書いてあるという。

——ディオファントスはその生涯を$\frac{1}{6}$は少年、$\frac{1}{12}$を青年、$\frac{1}{7}$を独身として過ごした。彼が結婚してから5年で、子どもが生まれ、子どもは父より4年前に、父の年齢の半分でこの世を去った。

さて、彼は何歳まで生きたことになるのだろうか?

(彼の死去した年を x 年とすれば、$\frac{1}{6}x+\frac{1}{12}x+\frac{1}{7}x+5+\frac{1}{2}x+4=x$ によって、$x=84$ が求められる。)

ギリシャでは、答えが負の数になる問題はさけていたが、12世紀のインドのパースカラは、負の数になるものもふくめて、いろいろな方程式を解いた。日本では、すでに奈良・平安時代に中国の数学書が伝えられたが、日本独特の数学は江戸時代になってからである。「算木」という棒を使って方程式を解く「天元術」が中国から輸入された。「算聖」といわれた関孝和は、それを改良し、記号を工夫して、筆算だけで解けるようにしたのである。

文化が影響し合って、進歩していく。なんともすばらしいことではないか。

ケンカを防ぐ数学技術!?
——「2つのスイカを3等分する」法

エジプトのテーベで発見され、現在では大英博物館に保存されている『リンド・パピルス』には、次のようなおもしろい分数の表がのせられている。

$$\frac{2}{3}=\frac{2}{3}$$

$$\frac{2}{5}=\frac{1}{3}+\frac{1}{15}$$

$$\frac{2}{7}=\frac{1}{4}+\frac{1}{28}$$

$$\frac{2}{9}=\frac{1}{6}+\frac{1}{18}$$

$$\frac{2}{11}=\frac{1}{6}+\frac{1}{66}$$

$$\frac{2}{13}=\frac{1}{8}+\frac{1}{52}+\frac{1}{104}$$

……………………………

$$\frac{2}{97}=\frac{1}{56}+\frac{1}{679}+\frac{1}{776}$$

$$\frac{2}{99}=\frac{1}{66}+\frac{1}{198}$$

$$\frac{2}{101}=\frac{1}{101}+\frac{1}{202}+\frac{1}{303}+\frac{1}{606}$$

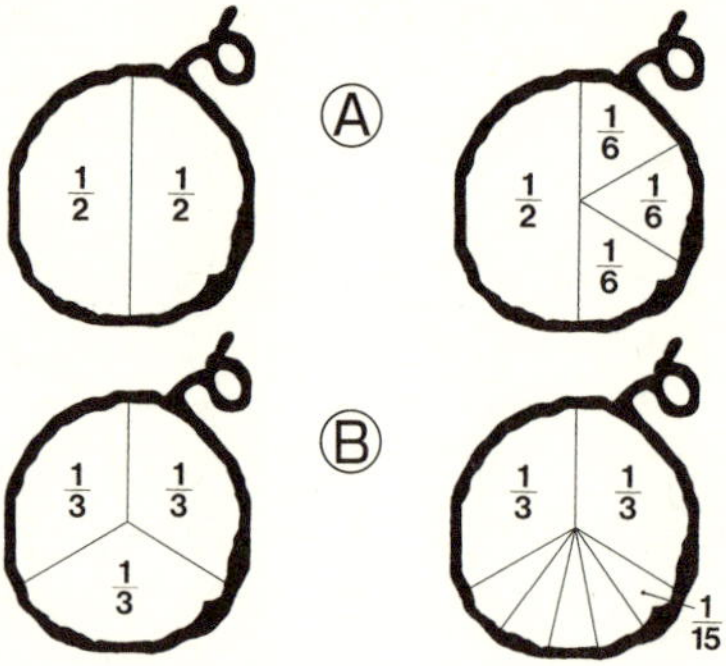

つまりエジプトの人たちは、どういうわけかわからないが、2を分子、奇数を分母とする分数を（$2/3$はのぞいて）、分子が1で分母が異なる分数の和の形に書き表わすことに苦心している。

しかし、エジプトの人たちが、どのようにしてこの表をつくったかはわかっていない。

さて、エジプト人が抜かした$2/3$を、このように、分子が1で分母が異なる分数の和に書けという問題を考えてみよう。

まず、$2/3$という分数の計算を、「2つのスイカを3人に等分せよ」という問題の計算と考えてみればわかりやすい。2つのスイカそのままでは3人に等分できないから、まず2つのスイカを2等分する。

そうすると、$1/2$のスイカが4切れできるから、そのうちの3切れをまず3人の人に1切れずつ与え

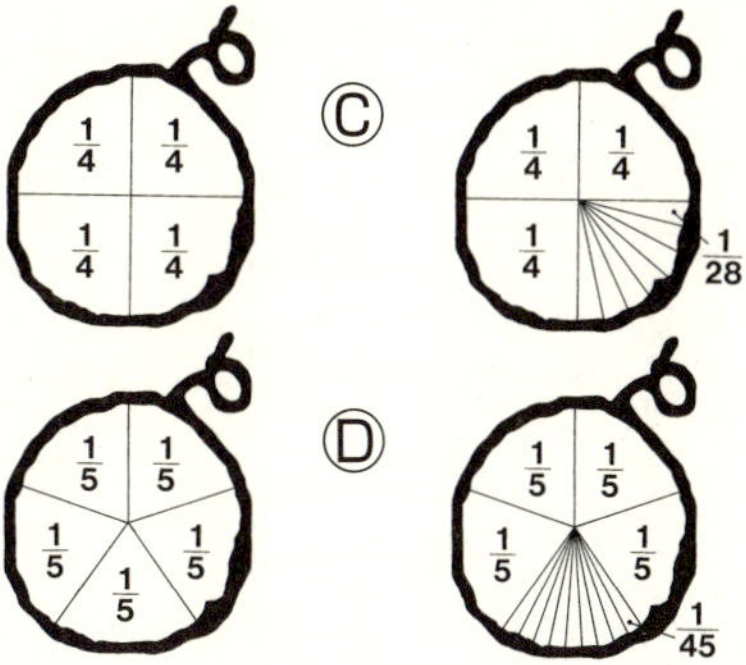

てしまう。$\frac{1}{2}$のスイカが1切れ残るから、これをさらに3等分すれば、$\frac{1}{6}$のスイカの切れが3つできる。それらを3人に分配すれば、これで2つのスイカを3等分できたことになる。

このときの1人の取り分は、$\frac{1}{2}$と$\frac{1}{6}$であるから、これで$\frac{2}{3}=\frac{1}{2}+\frac{1}{6}$ということがわかるわけだ。

＊　　＊

次の$\frac{2}{5}$に対して、同じ考えをあてはめてみれば、Ⓑのようになって、$\frac{2}{5}=\frac{1}{3}+\frac{1}{15}$であることがわかる。これはパピルスの答えと合っている。

次の$\frac{2}{7}$についてみると、Ⓒのようになって、$\frac{2}{7}=\frac{1}{4}+\frac{1}{28}$であることがわかる。これもパピルスの答えと合っている。

次の$\frac{2}{9}$はどうか。Ⓓのようになって、$\frac{2}{9}=\frac{1}{5}+\frac{1}{45}$となる。

しかし、これはパピルスの答えとは合っていない。そこで、$\frac{2}{9}$を以上とちがう考え方を用いて、分子が1で分母が異なる分数の和に直せという問題として考える。

この問題に対しては、いろいろ考えられるが、$\frac{2}{3}=\frac{1}{2}+\frac{1}{6}$であることをすでに見出しているから、この両辺を3で割ってみれば、$\frac{2}{9}=\frac{1}{6}+\frac{1}{18}$を得る。これはパピルスの答えと合っている。

あいつの頭が切れる理由——〝暗算〟のウラにこんな方法があった！

バビロニアの人たちは、次頁のⒶ図のように、ある数からはじめて、それに次々と同じ数を加えていって得られる数の列、すなわち、等差数列のことを知っていたといわれ、また、Ⓑ図のように、ある数からはじめて、それに次々と同じ数を掛けていって得られる数の列、すなわち等比数列のことも知っていたといわれる。

さて、1＋2＋3＋4＋5＋6＋……＋95＋96＋97＋98＋99を計算せよという問題

〈等差数列と等比数列〉

Ⓐ
1、2、3、4、5、6、7、8、…………
1、3、5、7、9、11、13、15、…………
2、4、6、8、10、12、14、16、…………
1、5、9、13、17、21、25、29、…………
……………………………………………………

Ⓑ
1、2、4、8、16、32、64、128、……
1、3、9、27、81、243、729、…………
……………………………………………………

はどうか。
　これを正直に計算したのではたいへんである。
　電卓を使ったとしても、このまま計算したのでは相当時間がかかる。したがって、この問題を次のように考えるのもひとつの工夫である。つまり、いま同じものを2つ、順を逆にして書けば、1＋2＋3＋4＋5＋6＋……＋95＋96＋97＋98＋99　99＋98＋97＋96＋95＋……＋5＋4＋3＋2＋1となるが、これら全部を加えたものは、答えの2倍になるはずである。
　ところが、これは1と99、2と98、3と97、4と96、……という具合に加えればすべて100となるから、100＋100＋100＋100＋100＋……＋100＋100＋100＋100＋100となって、ここに100は99個並んでいるわけである。したがってこれは、100×99＝9900に等し

い。そして答えは、この半分であるから、9900÷2＝4950となる

＊　＊

では、1＋2＋4＋8＋16＋32＋64＋128＋256＋512を計算せよという問題はどうだろうか。

この問題に対しても、いろいろの方法があるだろうが、次のものもそのひとつである。その方法というのは、この式の先頭に、もうひとつ1を加えてみるという工夫である。

そうすると上図のようになる。非常に長くなるが、じつは暗算ができて、答えは最後の数式の2倍の、512×2＝1024となる。問題の式に1を加えると1024が得られるのであるから、答えは、1024−1＝1023である。

$$
\begin{aligned}
1+1+2+4+8+16+32+64+128+256+512 &= 2+2+4+8+16+32+64+128+256+512 \\
&= 4+4+8+16+32+64+128+256+512 \\
&= 8+8+16+32+64+128+256+512 \\
&= 16+16+32+64+128+256+512 \\
&= 32+32+64+128+256+512 \\
&= 64+64+128+256+512 \\
&= 128+128+256+512 \\
&= 256+256+512 \\
&= 512+512 \\
&= 1024
\end{aligned}
$$

512×2−1
＝1023

“ゼロ”の発見——やはりこいつはすごい！

今日使われている数字は、ムーア人が支配していたころのスペインで使われていたアラビア数字と、インド数字から生まれ、それがヨーロッパで修正されたものである。

では、0という記号はどこから生まれたのだろう？　アラビア人は「引き算で何も残らないとき、その場所があいたままにならないように小さな円を書いておいた」という古文書から見る限り、アラビアが起源といえるが、同様な使い方をマヤ人もギリシャ人もしていた。それをインド人が7世紀に数値化してゼロが生まれたのである。

数字を表すのに使われてきた記号には、インド、アラビア数字のほかに、バビロニアの楔《くさび》形文字、エジプトの象形文字、ローマ数字、ギリシャのアルファベット数字、中国の漢数字、エジプトのハイエラチック数字などがある。

エジプトのハイエラチック数字とバビロニアの楔形文字とが発達して、ローマ数字が生まれた。

また、ギリシャのアルファベット数字は、そのままロシアに伝わり、近年まで使われていたようである。日本の漢和数字は、いうまでもなく、中国の漢数字が伝来したものである。

これらの数字を表すとき、バビロニアでは先の鋭い棒で粘土板に書き、エジプトはパピルス（古代エジプトで紀元前3000年ごろから使用されていた、パピルスあるいは紙莎草《かがみやつり》という草の茎から作った紙のこと）にペンで書いて表わした。

中国では、紙と筆を使用し、マヤでは棒と小石を使って表し、ローマ数字は指を使って表していた名残りであるといわれている。ニューギニアのサイビラー族は、指と身体の各部を使って、27までの数字を表すことができるという。

算用数字＼民族	シュメール（バビロニア）	エジプト	ギリシャ	ローマ	漢
1	V	I	I	I	一
2	VV	II	II	II	二
3	VVV	III	III	III	三
4	VV VV	IIII	IIII	IV	四
5	VVV VV	IIIII	𐅃	V	五
6	VVV VVV	III III	𐅃I	VI	六
10	<	𓎆	Δ	X	十
50	<<< <<	𓎆𓎆𓎆 𓎆𓎆	𐅄	L	五十
100	V>	𓍢	H	C	百
500	VVV VVV>	𓍢𓍢𓍢 𓍢𓍢	𐅅	D	五百
1000	<V>	𓆼	X	M	千
10000	<<V>	𓂭	M	((I))	万

知れば意外に面白い！「計算記号」にまつわる裏話

次のⒶ〜Ⓓは何の記号だろうか。

Ⓐ

Ⓑ

Ⓒ

Ⓓ

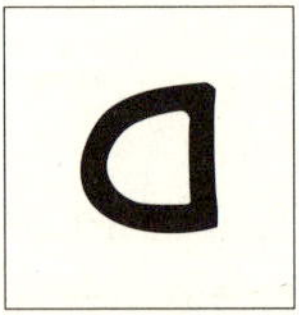

じつは、昔の加減乗除の計算記号なのである。

「+」「−」「×」「÷」という計算記号は、数学の歴史ほど古いものではなく、どちらかといえば新しいものに入るといわれている。

《引き算》

図Ⓐは、ギリシャ時代の数学者ディオファントスが、好んで使っていたマイナス記号である。

これが現在のような記号（－）になったのは、船乗りが樽に入れた水を使ったときに、ここまでなくなったという印に、樽に横線を引いたのが始まりという説がある。

また、商人が品物の目方の違いを表すために用いていた横木が、そのまま記号になったという説もある。

《足し算》

図Ⓑは、ルネサンス期の数学者タルターリアが、イタリア語のPiu（プラス）という語の頭文字をとって、このような記号を使っていたというものであ

る。

現在の記号（＋）は、船乗りが、水を使って印をつけておいた前の樽に、また水をいっぱいに入れたときに、いっぱいになっている印として、横線の上から縦線を引いて前に書いた横線を消したという説がある。

また、ラテン語の et（and と同じ意味）の走り書きからつくり出されたものという説もある。

《掛け算》

現在使用されている「×」の記号は、イギリスのオートレッドという人が、キリスト教の十字架を斜めにして、掛け算の「×」記号にしたのが始まりといわれている。

また、聖アンドリューの十字が起源という似たよ

うな説もある。
17世紀のドイツの数学者で、外交官でもあり、哲学者でもあったライプニッツは、もうすでに「×」という記号が使用されていたにもかかわらず、「×」の記号が代数の未知数を表す「X」の記号と間違いやすいので、図Ⓒのような記号を用いていたといわれている。
18世紀になって、ドイツのヴォルフが、乗法記号として、a×bをa・bと表わした。

《割り算》

18世紀に、フランスの数学者ガリマールが使っていた割り算の記号が図Ⓓである。
現在使用している記号「÷」は、割り算を分数に表わしたときの横線で、上下の丸は、分母、分子の数を点にして表したという説と、上下の点は単なる装飾であるという説の2通りがある。

ライプニッツは、「÷」でなく、「:」を用いていた。

これらの記号が発明された順を調べてみると、「＋」「－」は、ドイツのウイッドマンによって、1489年に書かれた算術書にはじめて使われた。

その後、イギリス人のレコードが1557年に出した『知恵の砥石』に「＝」《イコール》が現れた。

乗法記号「×」はイギリスのオートレッドの『数学の鍵』(1631年)にはじめて使われた。「÷」を除法記号としてはじめて用いたのは、スイスのラーンの代数の本で、1659年に出版されている。

偉大な数学者たちの言葉

「数学は二十四時間営業」

「数学は、他の自然科学が使う言葉、道具だてを用意するもの。他の科学は数学に少し遅れてついてくる。私の研究も数十年か百年先か分からないが、自然科学に利用されるといい」

森重文

「ハーツホーンの予想」と呼ばれる世界的難問を解き、百年来、未解決のままだった「複素数三次元極小モデルの存在」を証明。数学界のノーベル賞〝フィールズ賞〟を受賞した京大教授。

「人間は、常に何が本質で、何が枝葉かを見極めなきゃいかん。数学は、その目を養う学問だ」

「天才なんて、私の努力を知らないからいうんだ」

岡潔

「多変数解析函数に関する研究」で、世界数学界の三大テーマといわれる「クーザンの問題」「近似の問題」「レピィの問題」を一人で解いた天才数学者。

おもしろ数学 6

江戸時代の最高の数学遊戯
——このネズミの夫婦はタダものではない！

Q

江戸時代に爆発的大ベストセラーとなった数学書『塵劫記』より——。

「正月に、ねずみの夫婦が現れて、子を12匹生んだ。親を含めて14匹になる。2月になると、子どもも成長して親となり、一対で12匹の子を生む。親もまた12匹生むので親、子、孫の合計は98匹になる。このようにして、月に1回、親も子も孫もひ孫も12匹ずつ子を生んだとすると、1年で何匹になるか」

A

生まれる子のオス、メスの比率が五分五分だとすれば、最初の月に親を含めて7組のカップルが存在することになる。したがって、nカ月後のカップルの総数は7^nで表わされ、12カ月後のねずみの数は、2×7^{12}まで増えることになる。

これを実際に計算すると、276億8257万4402匹という莫大な数となる。

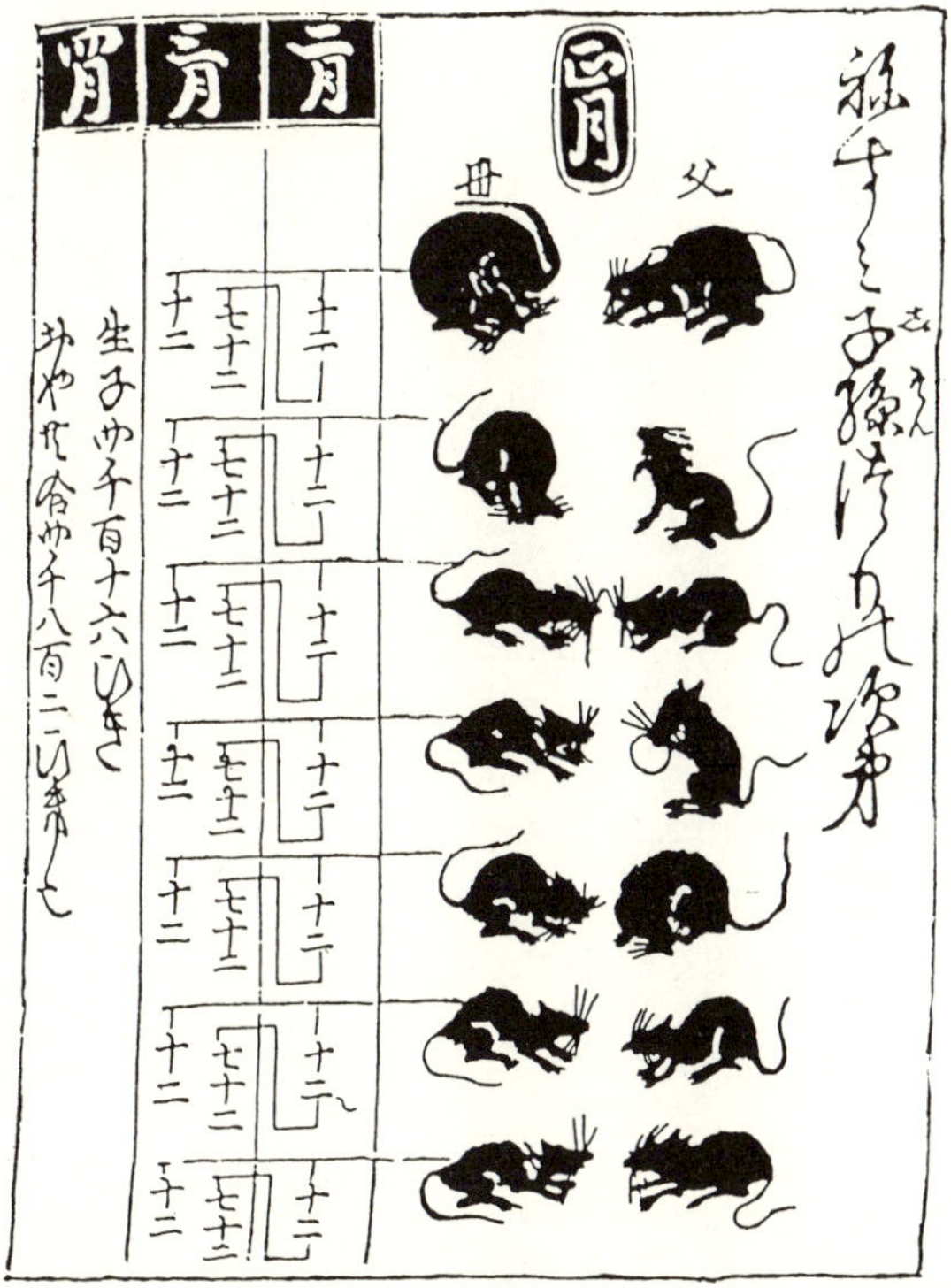
母
父
十二
七十二

おもしろ数学 7

いわゆるひとつのノウハウ
——面倒な計算に強くなる裏ワザ

Q とかく面倒な複利計算——。
1千万円を年利7％で銀行に預けた。元金が2倍になるのに何年かかるだろうか。暗算で答えてほしい。

A 70という数字がキーワードだ。

この70を年利（％で表わした年利）で割ると、複利で預け放しにしておいた場合、何年後に2倍になるかがすぐわかるようになっている。

たとえば、年利7％なら70を7で割ると答えは10。つまり10年で2倍になる。年利5％なら70を5で割って14、つまり14年後に2倍になるという理屈である。

これは実は、冨子勝久氏が『金銭管理術』という本の中でのべている利殖暗算法である。

では、なぜ70を年利で割ると元金が2倍となる年数になるのか。

まず、年利をr、所要年数をn、で表わすと、

$(1+r)^n=2$

という式が成り立つが、このrとnの関係がわかればよいわけである。そこで対数を使って、

$n\log(1+r)=$、$n=$(所要年数)$=\frac{\log 2}{\log(1+r)}=\frac{0.693\cdots\cdots}{r}$

$=\frac{69.3\cdots\cdots}{\text{年利}(\%)}\fallingdotseq\frac{70}{\text{年利}(\%)}$

このように、この暗算法にはきちんとした数学的な裏づけがあるのである。

第4章

【数学パズルランド】編

頭をかしこく遊ばせる、おもしろ練習帳

タイプA

もしかしたら、第一級の数学者になれるかも？

Q1

9人の晩餐会

いま、ここに9人の男女がいる。この9人が毎日、お互いに夕食に招き合い、1回ごとに座る席を変え、ぜんぶちがった座り方がどれだけできるか、やってみよう、ということになった。

さて、何回夕食を招き合えば目的を達成できるだろうか。

Q2

追いつくのは何分後？

Aさんは、駅から2キロメートルの所に住んでいる。毎日、駅まで歩いて通勤している。今日も時速4キロの速さで出かけた。それから20分後、奥さんはAさんが忘れものをしたことに気づき、すぐに自転車に乗って時速10キロの速さで追いかけた。

さて、奥さんは、Aさんが家を出てから何分後に追いつくことができるだろうか。

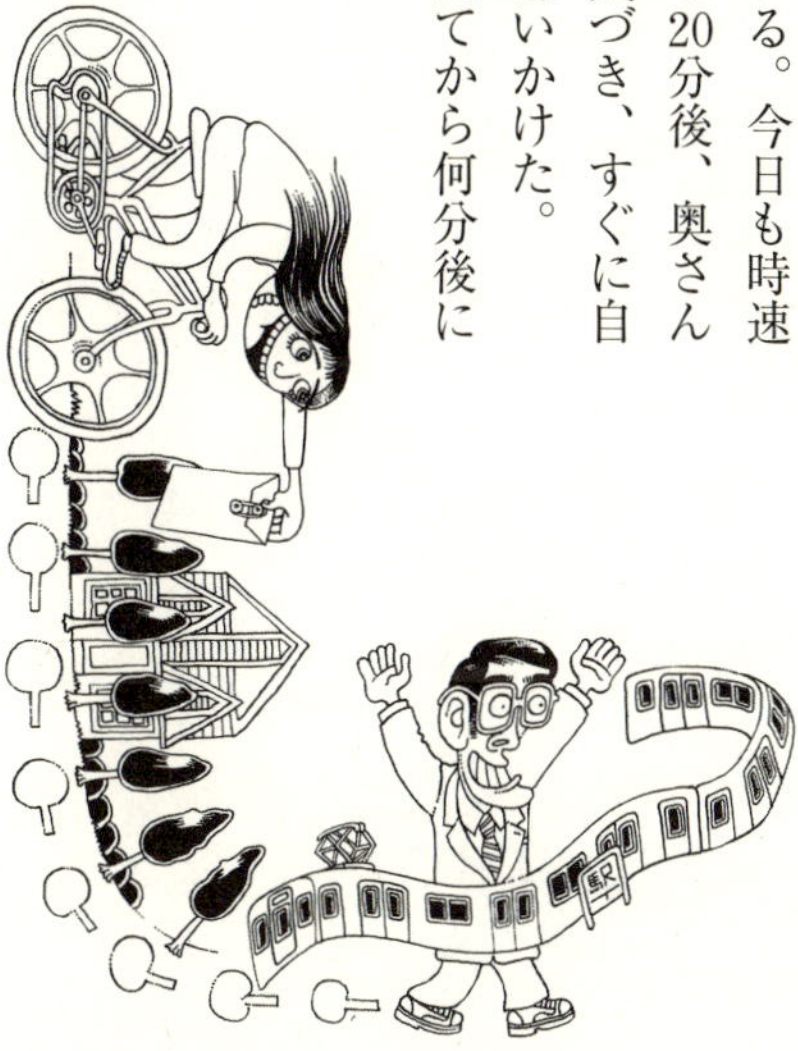

Q3

駅と駅の距離を測る！

A駅からB駅に向かって、時速70キロの列車が出発した。同時にB駅からA駅に向かって時速50キロの列車が出発し、ちょうど10分後に列車がすれちがった。

では、A、B両駅の距離は、何キロメートルあることになるだろうか。

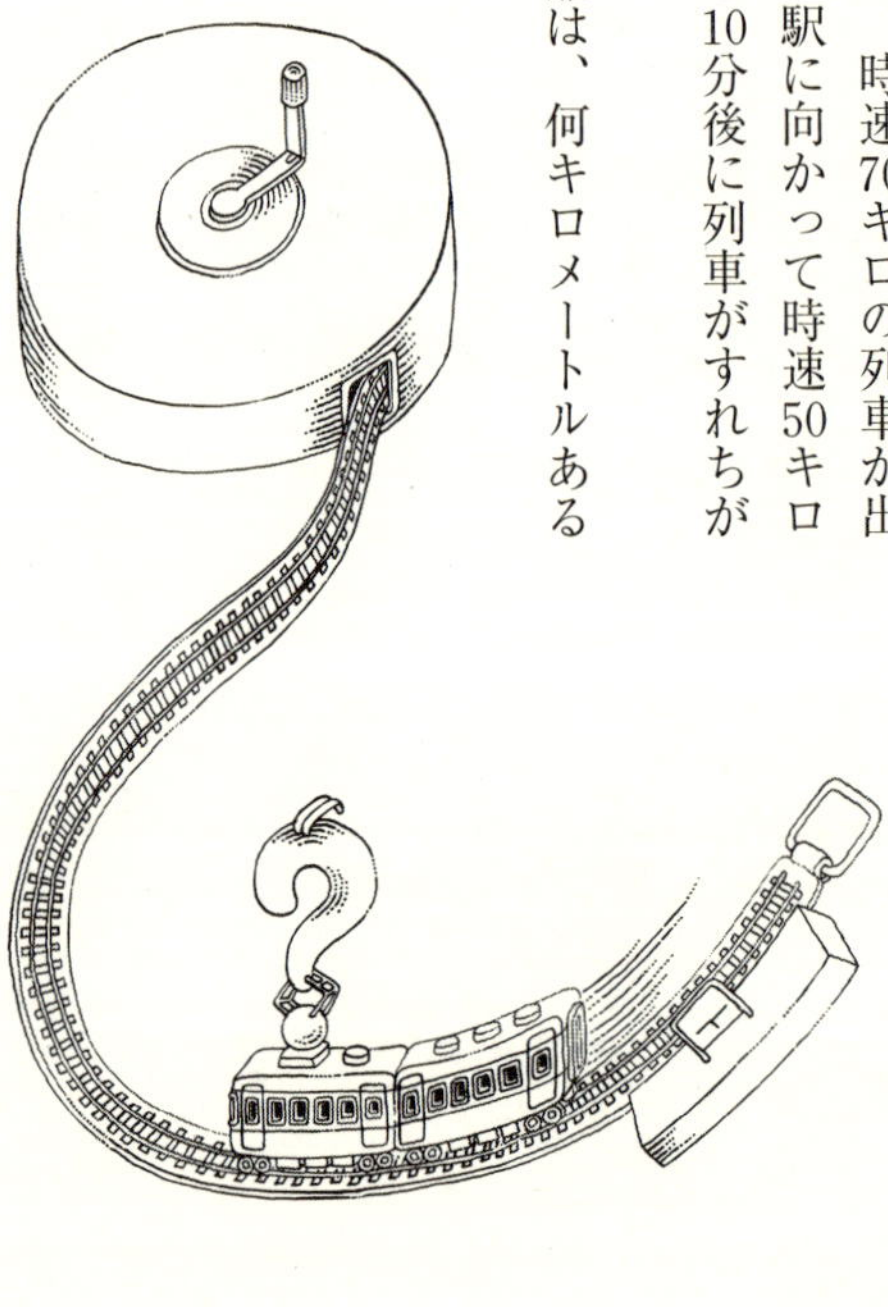

Q4

実際にはありえないのだが……

次の問題は実際にはありえないことだが、ありえると仮定して考えてほしい。

東名自動車道を走っている2台の自動車が、反対方向、つまり上りと下りから向かい合って、30分後にすれちがうとする。

一方の自動車は時速160キロで走り、他方は時速155キロで走っている。

ところで、1匹のハエが、一方の自動車から出発し、時速170キロでもう一方の自動車まで飛んでいく。次に、またもとの自動車に戻る。このように、2台の自動車がすれちがうまで往復運動を続けるとする。もちろん、両自動車の距離は、ハエが飛ぶごとに短くなっていくわけだが……。

さて、このハエは何キロ飛ぶことになるだろうか。

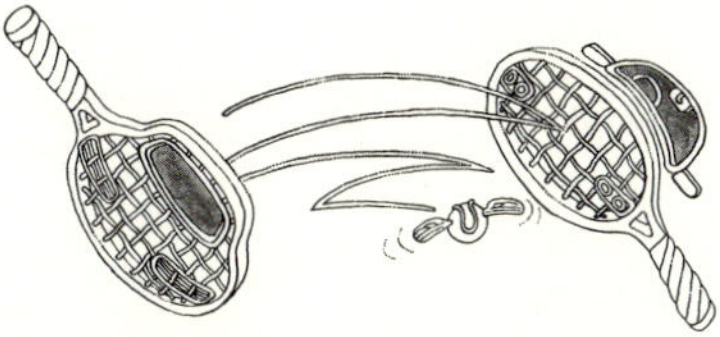

A

①求める座り方は、積で表わされる。
1×2×3×4……×9＝362880
したがって、9人は「36万2880日」いっしょに食事をしなければならない。つまり、およそ994年間となる。とうてい実行できるものではない。

②会うことも、忘れものを届けることもできない。
奥さんは、Aさんが家を出てから33分20秒後に追いつく計算になる。
ということは、Aさんはすでに電車に乗ってしまっていることになる。

③20キロメートル。
時速70キロなら、1分間にいくら走るか計算する必要はない。
片方が50キロだから、A、B両駅から60キロの同じ時速の列車が出発したと思えばよい。すぐ20キロメートルとわかる。

$X=70\times\frac{1}{6}=\frac{70}{6}$

$Y=50\times\frac{1}{6}=\frac{50}{6}$

A、B両駅の距離は、$X+Y=\frac{70}{6}+\frac{50}{6}=\frac{120}{6}=20$

④ハエは30分間飛んでいる。これを忘れてはいけない。

その時速は170キロだから、つまり、85キロ飛ぶことになる。

タイプB

Q1

これが解ければ、あなたはちょっとした名探偵

頭がしわくちゃ……

ある国の長さの測り方は、他の国とはまったくちがっている。

つまり、メヤーピーはヤヤーピーの2倍とメヤーピーの$\frac{1}{2}$の長さである。アヤーピーはメヤーピーの2倍とアヤーピーの$\frac{1}{2}$。そして、ユヤーピーは、アヤーピーの2倍とユヤーピーの半分を足した長さだという。

それでは半ユヤーピーは何ヤヤーピーになるだろうか。

Q2

ウソつきはこいつだ！

これは、古くからある有名な問題。

ここに、A、B、Cの3人のウソつきと正直者がいるが、正直者は1人だけしかいない。

次の3人の会話からウソつき2人を見つけだしてほしい。

A「私は正直者です」
B「Aは、ウソつきです。私こそ正直者です」
C「Bこそウソつきです。ほんとうは私が正直者です」

Q3

すばやく推理せよ！

これも、古くからある有名なパズルの問題。

ここに赤い帽子が2つと白い帽子が1つある。これをA、Bの2人にかぶせる。互いに相手のかぶっている帽子は見えるが、自分が何色の帽子をかぶっているかわからない。相手の帽子の色を見て自分の帽子の色を当てようというわけだ。

目かくしをした2人に赤い帽子をかぶせ、白い帽子はかくしてしまった。

目かくしをはずした2人は一瞬お互いに相手を見つめあい、しばらくして、ほとんど同時に手をあげて自分のかぶっているのは赤い帽子であると答えた。いったい2人はどのような推理をしたのだろうか。

Q4

もっとすばやく推理せよ！

ここに赤い帽子が3つ、白い帽子が2つある。これをA、B、Cの3人にかぶせる。おのおのは他の2人の帽子は見えるが、自分の帽子の色はわからない。他の2人の帽子の色を見て自分の帽子の色を当ててみようというわけである。

そして、目かくしをした上で3人に赤い帽子をかぶせ、白い帽子は2つともかくしてしまった。目かくしをはずした3人は一瞬お互いに見つめあい、そしてしばらくして、ほとんど同時に手をあげて自分のかぶっているのは赤い帽子であると答えた。

A、B、Cはどのような推理を行なったのだろうか。

A

①まず読めば、メヤーピーは2ヤヤーピー＋$\frac{1}{2}$メヤーピーだから、$\frac{1}{2}$メヤーピーは2ヤヤーピーとなる。

これを順にあてはめていくと、$\frac{1}{2}$ユヤーピーは32ヤヤーピーということになる。

②AとCである。

Bがウソつきだとすれば、Aはウソつきでないことになる。すると、「Bこそウソつき」と主張するCもウソつきでないことになり、問題の「1人だけ本当のことをいう」という条件に合わない。

Aが本当のことをいっているとすれば、Bはウソつき、Cは本当のことをいっていることになり、これまた条件に合わない。

したがって、Bが本当のことをいっていると考えるしかない。

③A「私がもし白だと仮定すれば、それを見るBはただちに自分が赤であることがわかるはずである（白は1個しかない）。ところがBはわかったようすがない。したがって、私は赤だ」と推理する。

BもAと同様の推理をして、2人はほとんど同時に手をあげた、というわけだ。

④A「私がもし白だと仮定すれば、それを見るBは次のように考えるだろう。『私がもし白だったら、2つの白を見るCは自分が赤だとすぐわかるはずだ。ところが、Cはわかったようすがない。したがって私は赤にちがいない』と。

そして、Bは手をあげて赤だと答えるだろう。

ところがBはわかったようすがない。それなら最初の仮定がまちがっているのであって、私は赤であるにちがいない」

タイプ C

Q1 世の中やっぱり、計算上手が得をする？

3人のメロンの売上金を同じにしたい！

A、B、Cの3人がメロンを売っている。彼らはそれぞれAが20個、Bが30個、Cが40個のメロンを持っている。

さて、3人とも、メロンを同じ値段で売って、各自の持っている数を全部売り切り、しかも3人の売上金を同じにしたいのだが、どのようにしたらよいだろうか。

3人のメロンの数を同じにするため融通し合うとか、腐ったメロンがあって売ることができなかった、などというのはもちろんダメ。

Q2

こんな時、あわてると損をする

ペンダントが豪華なケースに入って、6万4500円で売られている。「ケースだけの値段は?」とたずねると、ペンダントの値段は、ケースの値段よりも6万4000円高いといわれた。

では、ケースだけの値段はいくらになるだろうか。

暗算で答えてほしい。

Q3

ワリカンで一番得をしたのは誰？

会社帰りに同僚3人が居酒屋に入った。会計のとき、それぞれ合計のきっちり$\frac{1}{3}$ずつ負担することになった。

3人のうち、酒を飲まないAは、自分が食べた分より1000円多く払った。一番高い料理を食べたBは、ワリカンで400円得をした。ノンベエのCは、本来4400円払わなければならなかったのだが、ワリカンのおかげで、一番得をしたという。

さて、合計はいくらだったのだろうか。

A

①2回分けて売ることになる。

つまり、〔1〕第1回は、メロン1個をたとえば100円で売る。そして、Aはメロンを2個売って200円、Bは17個売って1700円、Cは32個売って3200円をそれぞれ手に入れる。

〔2〕第2回は、メロン1個を300円で売る。Aは18個のメロンを売って5400円、Bは13個売って3900円、Cは8個売って2400円をそれぞれ手に入れる。

こうすれば、3人は同じ額、つまり、5600円ずつ手に入れることができる。

この問題は、答えを知れば一見単純なようだが、実はどうして非常に複雑なのである。

というのは、代数を用いると、8つの未知数を含む2つの方程式がつくられ、未知数の答えは電子計算機でも使わないかぎり、少なくとも計算のためにノート十数ページを必要とするのだ。

②ケース入りで６万４５００円。

ペンダントの値段はケースの値段より６万４０００円高いという数字にとらわれて、ケースの値段は500円と答える人が多いものだが、そうなると、ペンダントの値段は６万４０００円となり、ケースの値段より、６万３５００円高いことになってしまう。

つまり、500円の半分の250円が正解。

③Aの食べた分は合計の$\frac{1}{3}$マイナス１０００円、Bは逆に$\frac{1}{3}$プラス400円。これにCの４４００円を加えた額が合計というわけ。

つまり、トータルの$\frac{2}{3}$と３８００円とを加えた額が合計となる。逆にいえば、３８００円が$\frac{1}{3}$なのだから、３倍の１万１４００円が合計なのだ。

タイプD

Q1

指でなぞって角度を変えて、頭に不思議なひとひねり

〝あとひとひねり〟ができるか、できないか

図のように、正方形のなかに円があり、その円のなかにもう1個の正方形がある。

ところで、大きい正方形は小さい正方形の何倍になるだろうか。

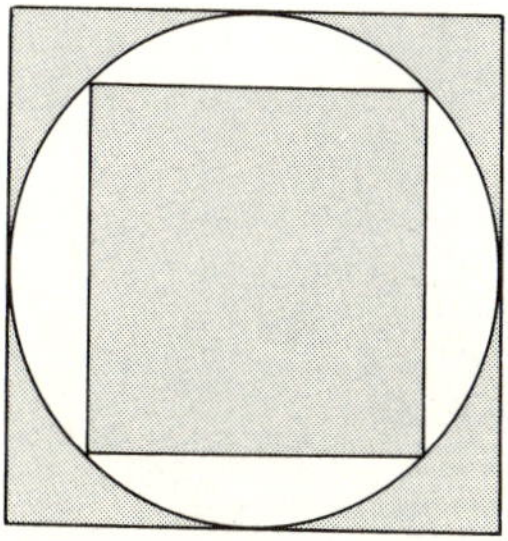

Q2

とにかくなぞって試してみると……

次の図を見ていただこう。どの橋も1回ずつ通って、36の橋すべてを渡ることができるだろうか。

Q3

目を三角にして探してみよう

この図のなかに三角形はいくつあるだろうか。

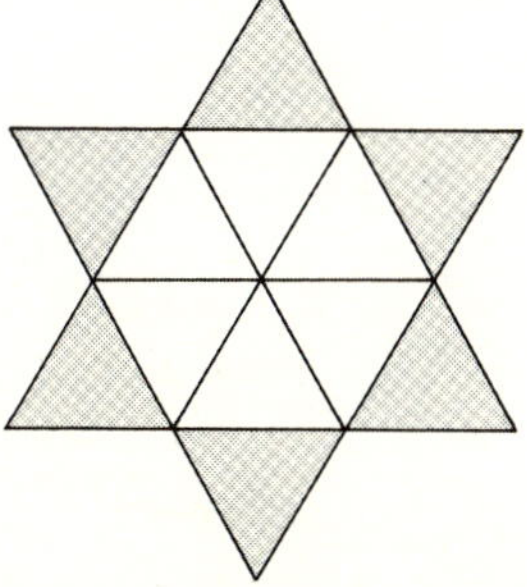

Q4

なるほど、ではもう遅い！

次の図の上に直線を4本引いて正方形を18個つくるには、どうすればよいだろうか。

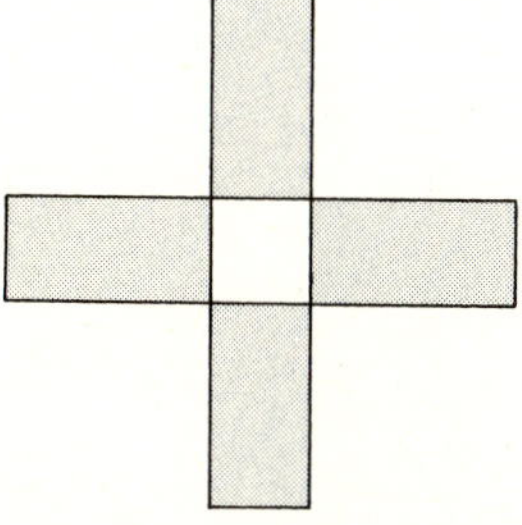

Q5

一筆書きに挑戦！

次の図のA～Eのうち、一筆書きができるのは、どれだろうか。

一筆書きというのは、いったん筆を紙につけたら、図を書き終わるまで、紙から筆を離すことなく、また、同じところを通ることなく、図形を完成させることである。

Ⓐ

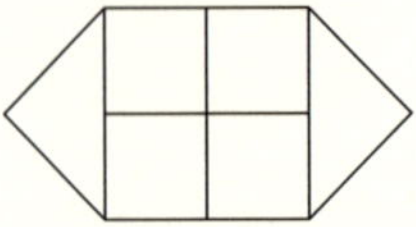

Ⓑ

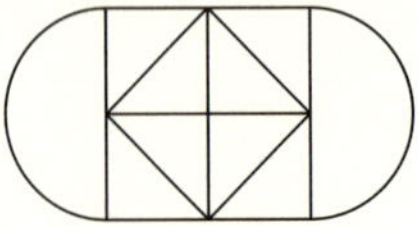

Ⓒ

Ⓓ

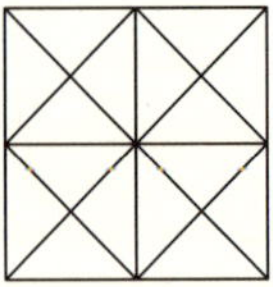

Ⓔ

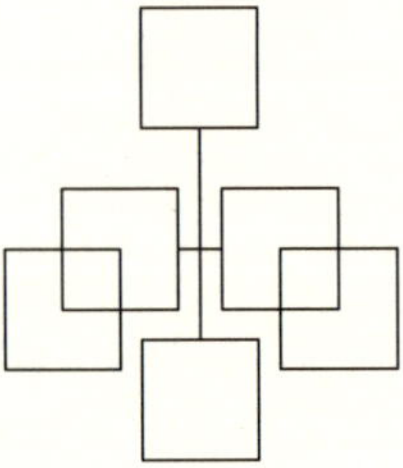

Q6

四角と三角のコンビネーション

次の図のなかに、正方形と三角形はいくつあるだろうか。

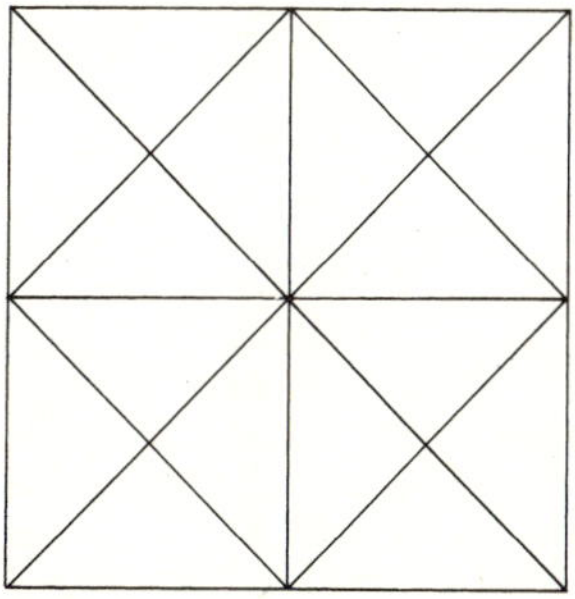

A

①2倍である。

小さいほうの正方形を90度回転させて、図のように点線を引く。小さい正方形は、同じ大きさの直角二等辺三角形が4つ、大きい正方形は、同じ三角形が8つだから、大きいほうは小さいほうの2倍になる。

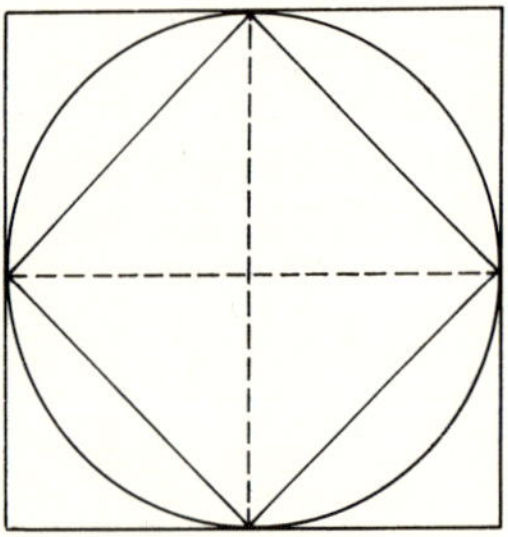

②図のとおり、ぜんぶ渡ることができる。

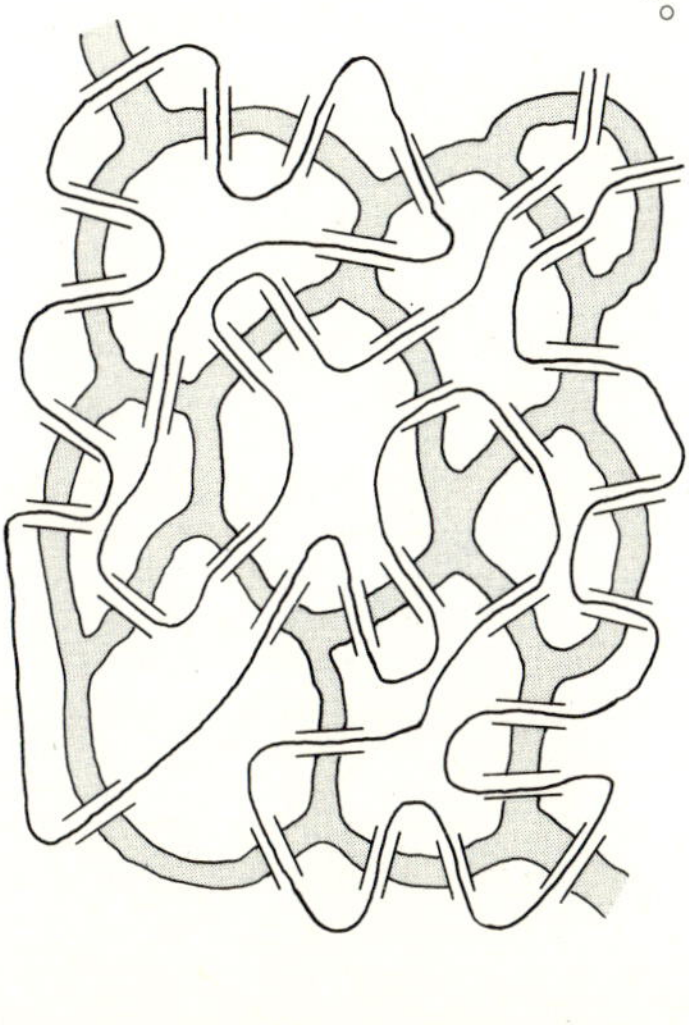

③三角形の大きさによって分けて考える。
〔1〕一辺の長さが1目もりの三角形……12個
〔2〕一辺の長さが2目もりの三角形……6個
〔3〕一辺の長さが3目もりの三角形……2個
よって20個。

④図のとおり。

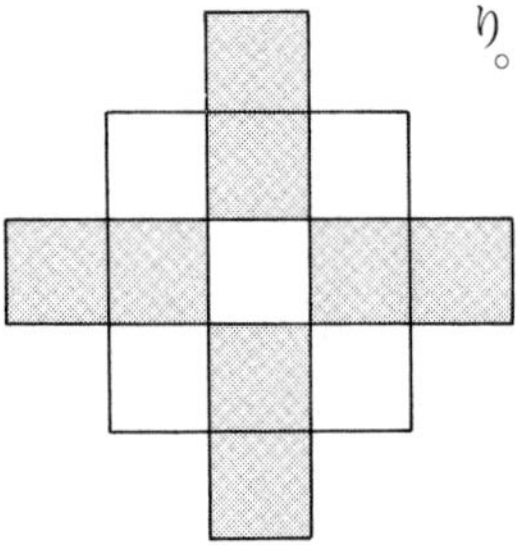

⑤一筆書きが可能な条件は、図形の端の点がなく、また、どのような点からも必ず偶数本の線が出ていれば、一筆書きができる。
奇数本の線が出ている点（端の点も含む）が2つまでならいいが（2つのときは、それが一筆書きの始点と終点にならなければならない）、3つ以上のときはダメ。

したがって、一筆書きが可能なのはⒸだけである。

⑥正方形が10個、三角形が44個。

タイプ E

発想を変えないことには、正解にたどりつけない！

Q1

いかに要領よくやれるか

下の数式を見ていただこう。
ワクで囲まれた数式には、1から9までの数字がそれぞれ1回だけ使われている。
これと同じ要領で、①〜④の式の空欄を埋めてほしい。

58×3=29×6=174

① 78×2=□×□□=□□□

② 19÷2=□□÷□
=□□÷□

③ 54÷6=□□÷□
=□□÷□

④ □□×□=□□×□
=□□×□

Q2

注意！ ひっかけが1つある！

下図のように8枚の数字のカードがある。これを4枚ずつ、2つのグループに分け、各グループの数字の合計が同じになるようにしてほしい。

Q3

"近道"を探せ！

下のA、B、C、Dの4つは、1から9までのなかのそれぞれちがった整数を表わしている。

それぞれの数字をあててほしい。

まず、2つの関係式から考えるのが手がかりをつかむ早道。

A + B = C
D − C = A
A × B = D
D − B = B

Q4

時間をかけてじっくりと……

次の①〜④の加減乗除がすべて成り立つように、それぞれのアルファベットに0から9までの数字をあてはめてほしい。

①
```
  AJDIC
 +ECAEI
 ------
  FFABB
```

②
```
  HFJFE
 -CAEGD
 ------
  GEGGC
```

③
```
      EJGA
     ×CHID
   -------
     ECDCJ
    EEJII
   FEIB
  CIFC
  -------
  GFEFIBJ
```

④
```
          HAH
    ---------
  GH ) EDFFH
       EFH
       -----
        CCF
        CEB
       -----
          EFH
          EFH
         -----
            B
```

Q5 覆面算って、ご存知？

かわった覆面算をどうぞ。

○は偶数（0・2・4・6・8）、●は奇数（1・3・5・7・9）を表わしている。

さて、どんな数字を入れたらよいだろう。

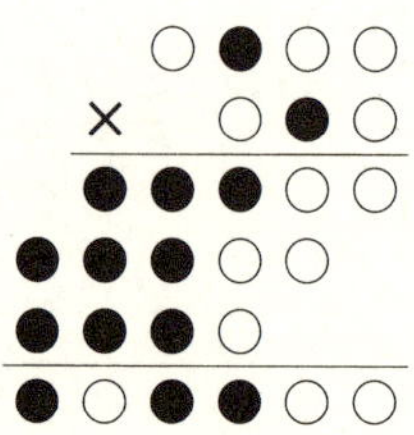

Q6 ちょっと変わった覆面算

もうひとつ覆面算に挑戦してほしい。

●は偶数、○は奇数を表わしている。また、◎は素数、2・3・5・7のいずれかを表わしている。

それぞれどんな数字を入れればよいだろうか。

Ⓐ

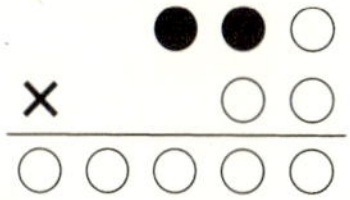

Ⓑ

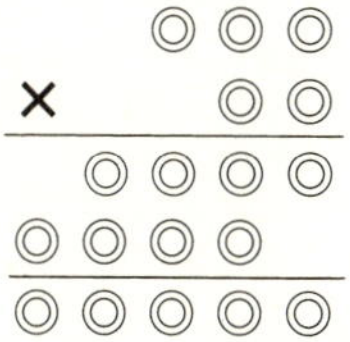

Q7

まったく奇妙な覆面算

ちょっと奇妙な、覆面算を紹介しよう。

③は①、②の合計である。その③を●で割れば、④の答えが得られる、というわけである。もちろん、割り切れて、余りはでない。

（ただし、同一の記号は同一の数字を表わす）

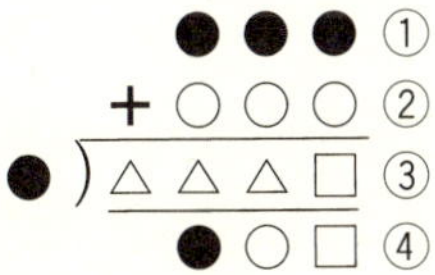

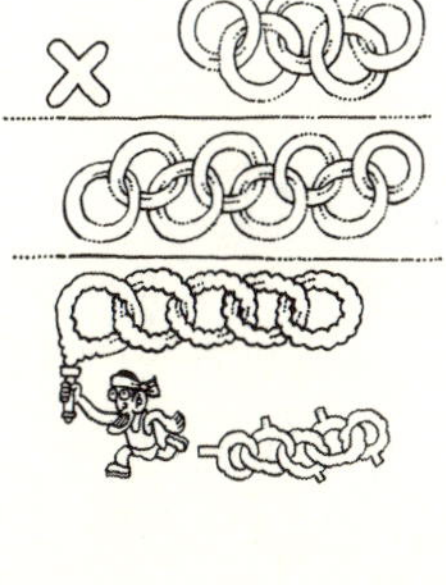

A

①

① 78×2＝$\boxed{4}\times\boxed{3}\boxed{9}=\boxed{1}\boxed{5}\boxed{6}$

② 19÷2＝$\boxed{3}\boxed{8}\div\boxed{4}=\boxed{5}\boxed{7}\div\boxed{6}$

③ 54÷6＝$\boxed{8}\boxed{1}\div\boxed{9}=\boxed{2}\boxed{7}\div\boxed{3}$

④ $\boxed{5}\boxed{4}\times\boxed{3}=\boxed{2}\boxed{7}\times\boxed{6}=\boxed{1}\boxed{8}\times\boxed{9}$

② $\boxed{9}$のカードを逆さにして考えてみよう。

$\boxed{1}+\boxed{4}+\boxed{5}+\boxed{8}=\boxed{2}+\boxed{3}+\boxed{6}+\boxed{7}$

$\boxed{1}+\boxed{3}+\boxed{6}+\boxed{8}=\boxed{2}+\boxed{4}+\boxed{5}+\boxed{7}$

$\boxed{1}+\boxed{2}+\boxed{7}+\boxed{8}=\boxed{3}+\boxed{4}+\boxed{5}+\boxed{6}$

$\boxed{1}+\boxed{4}+\boxed{6}+\boxed{7}=\boxed{2}+\boxed{3}+\boxed{5}+\boxed{8}$

③ A＝2、B＝4、C＝6、D＝8

④

(1)
```
   64982
 + 12618
 -------
   77600
```

(2)
```
   57471
 - 26139
 -------
   31332
```

(3)
```
     1436
  ×  2589
  -------
    12924
   11488
   7180
  2872
  -------
  3717804
```

(4)
```
       565
    ------
 35)19775
    175
    ----
     227
     210
    ----
      175
      175
      ---
        0
```

⑤
```
    2786
  ×  274
  ------
   11144
  19502
  5572
  ------
  763364
```

⑥ Ⓐ
```
   203
 ×  57
 -----
  1421
 1015
 -----
 11571
```

または
```
   889
 ×  35
 -----
  4445
 2667
 -----
 31115
```

Ⓑ
```
   775
 ×  33
 -----
  2325
 2325
 -----
 25575
```

⑦
```
   333
  +777
  ----
 3)1110
  ----
   370
```

タイプ **F**

Q1

これが解ければ、あなたにはきっと特別な魔力が……

魔方陣――どうアプローチする？

魔方陣は昔からあるパズルである。格子《こうし》状に区切られたマス目のなかにいくつかの数を配置し、タテ、ヨコ、ナナメの数字の和が、いずれも同じになるように工夫してある。

さて、手始めに、下の図に2から15までの数字を1つずつ入れて、魔方陣を完成してほしい。

ヒントは、どの列の和も34になることである。

			16
1			

Q2

初級編

1から8までの数字を1つずつ入れ、タテ、ヨコ、ナナメの4つの数字の合計が、すべて等しくなるようにしてほしい。

4		1	6
8			
			7
5	2		3

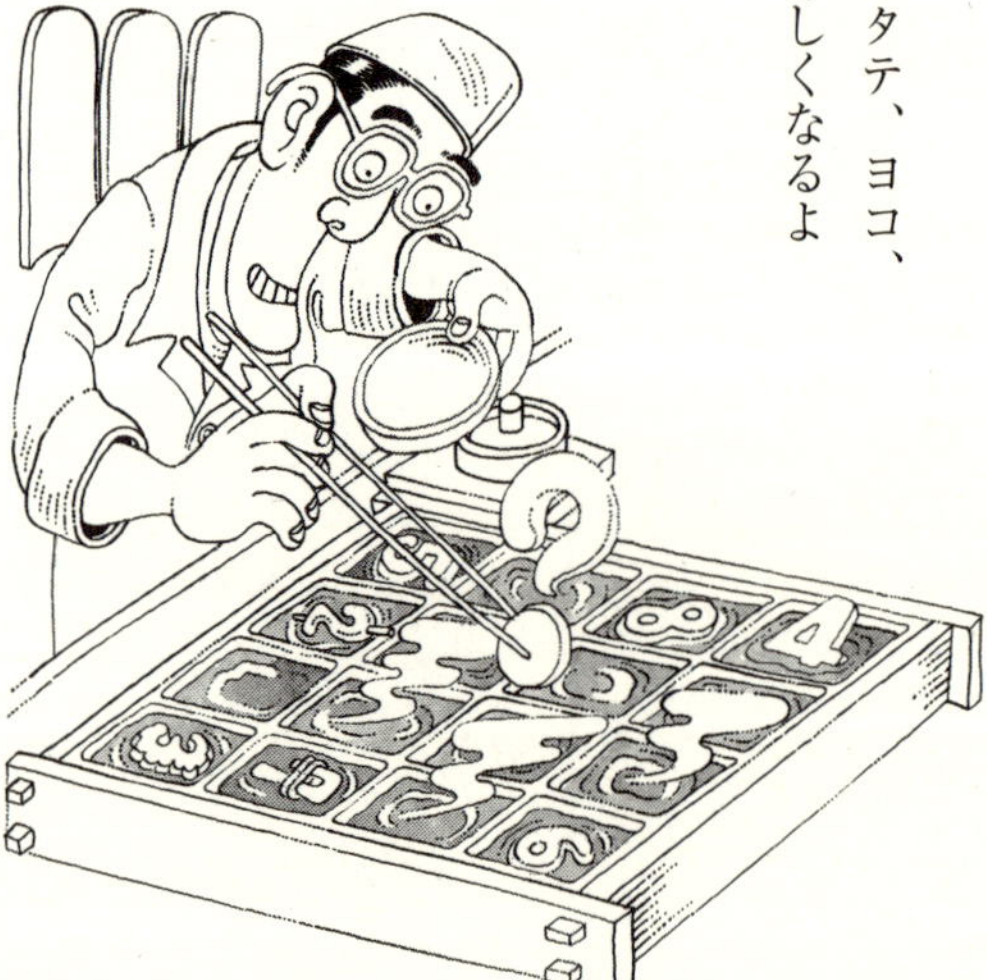

Q3

中級編

25までの数字で、マス目にない数字を入れて、魔方陣を完成させてほしい。

15			3	
1			19	
	5	6	12	
				11

Q4

上級編

3から60までの数字を1つずつ入れて、魔方陣を完成させてほしい。

1	63	62					
				61		2	64

A

正解は次のとおり。

①

13	3	2	16
8	10	11	5
12	6	7	9
1	15	14	4

②

4	7	1	6
8	5	3	2
1	4	6	7
5	2	8	3

③

15	16	22	3	9
8	14	20	21	2
1	7	13	19	25
24	5	6	12	18
17	23	4	10	11

④

1	63	62	4	5	59	58	8
56	10	11	53	52	14	15	49
48	18	19	45	44	22	23	41
25	39	38	28	29	35	34	32
33	31	30	36	37	27	26	40
24	42	43	21	20	46	47	17
16	50	51	13	12	54	55	9
57	7	6	60	61	3	2	64

タイプ G

Q1

ようこそ、目もくらむような〝妙技〟の世界へ

これが「魔辺四角形」だ！

次のA、Bの図のなかに、4から8までの相異なる数字を入れて、魔辺四角形を完成してほしい。

一辺の数字の和はいくつになるだろうか。

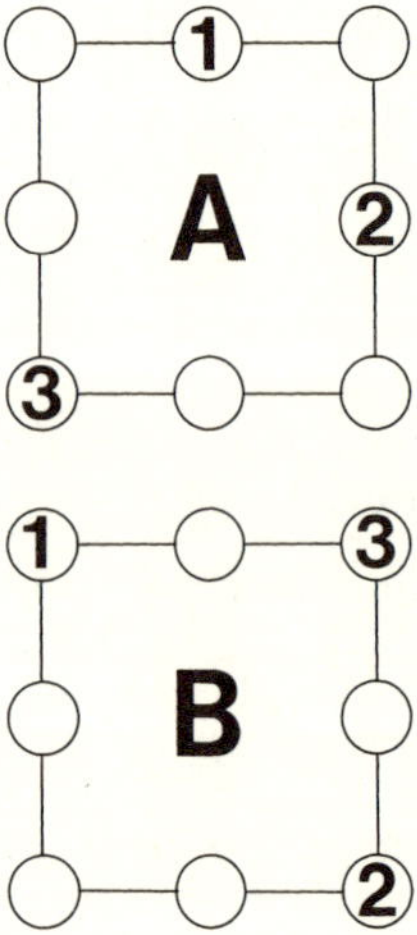

Q2

「魔辺三角形」と「魔辺五角形」

〔1〕下の図の空白のなかに、3から6までの相異なる数字を入れて魔辺三角形を完成してほしい。一辺の数字の和はいくつになるだろうか。

〔2〕下の図の空白のなかに、4から10までの相異なる数字を入れて、魔辺五角形を完成してほしい。一辺の数字の和はいくつになるだろうか。

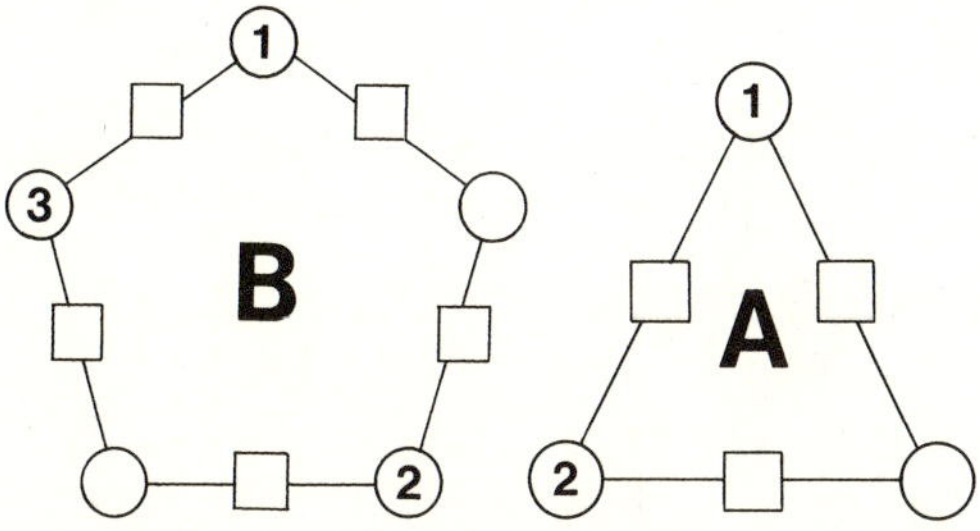

Q3

いよいよ「魔辺六角形」の登場！

下の図の空白のなかに、3・4・8・10・11・12・17・18・19の数字を入れて、魔辺六角形を完成してほしい。

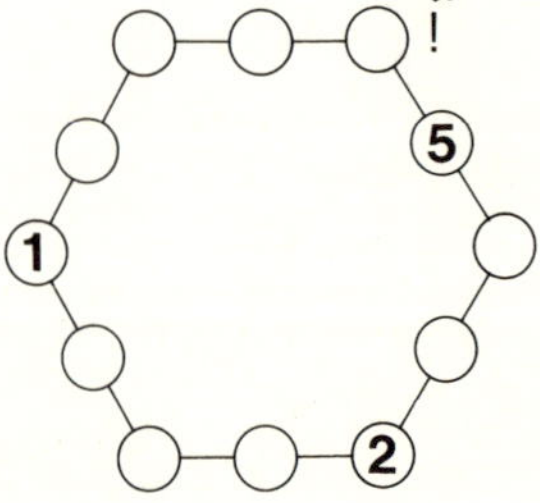

Q4

正方形のアンサンブル

下の3つの正方形によって区切られた部分（A〜G）に、1から7までの異なる数字を書き入れて、それぞれの正方形の合計が同じになるようにしてほしい。

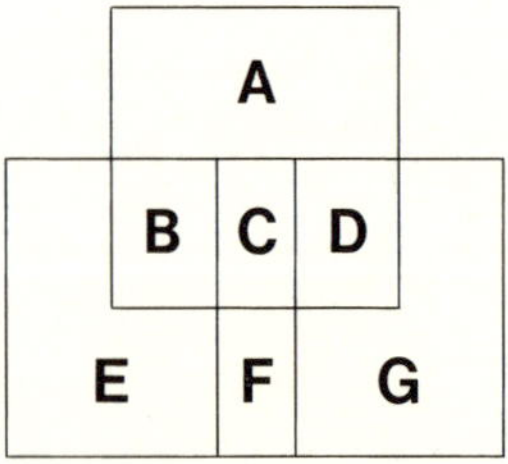

Q5

条件つきで、ちょっと難しい

次はもう少し複雑な問題。

図の4つの正方形によって区切られた部分（A～H）に1から5までの数字を入れて、どの正方形も合計が15になるようにしてほしい。ただし、同じ数字を何回使ってもよいものとする。

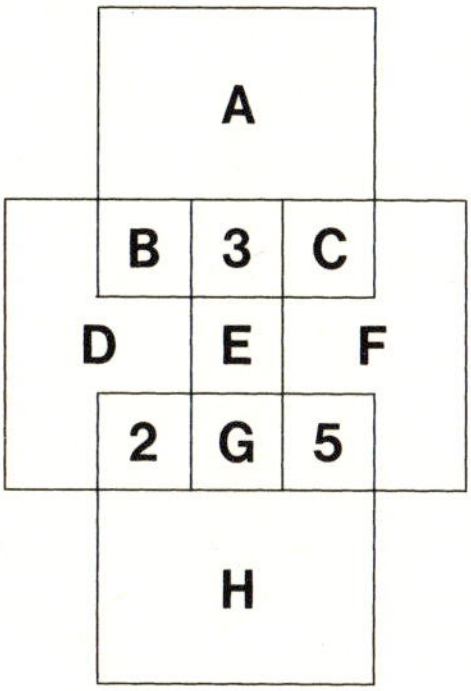

A

①A図の一辺の数字の和は15、B図は12になる。

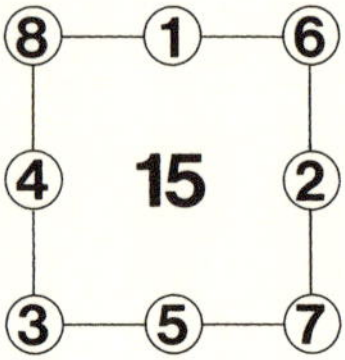

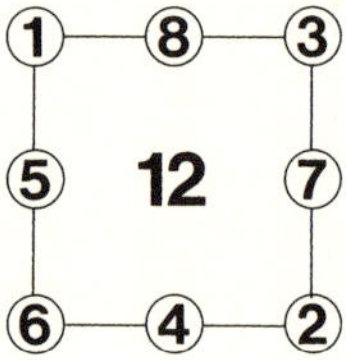

②A図の和は9、B図の和は14。

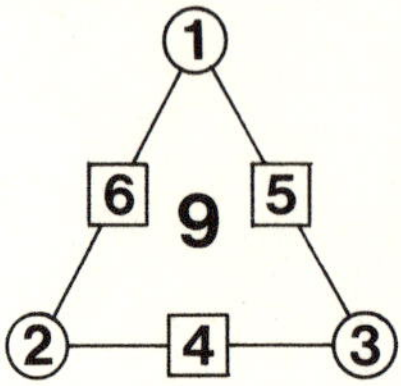

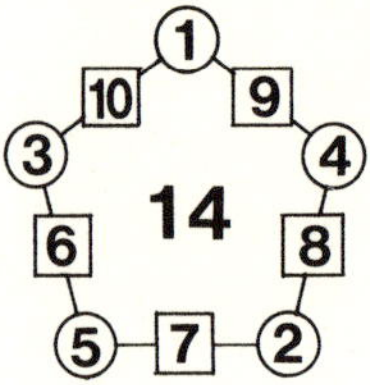

③一辺の数字の和は23になる。

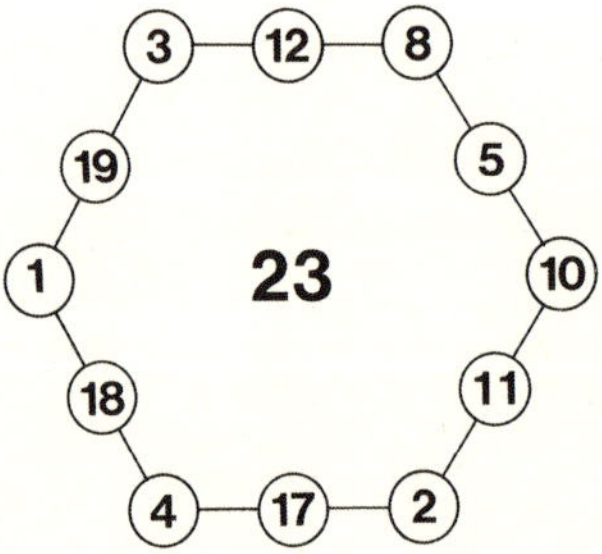

④例をあげると、図のとおり。

⑤図のとおり。

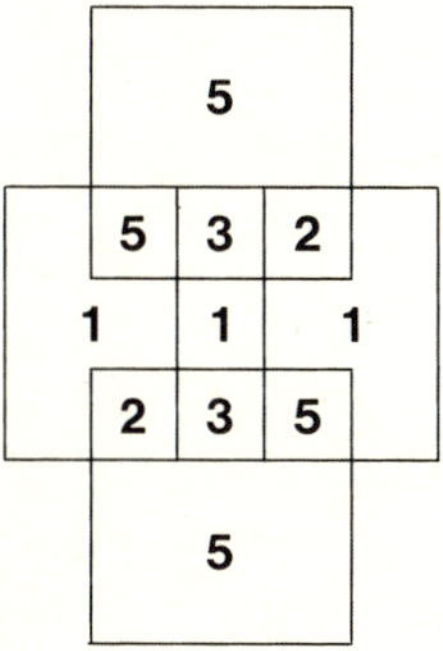

タイプ H

Q1

右脳全開で挑戦！不思議な図形のトリック

答えが1つとは限らない！

図のように9つのマルがある。

さて、この9つのマルのなかに、1から9までの数字を書き入れて、4つのマルに入った一辺の数の和が、それぞれ17になるようにするにはどうすればいいか、数字の配列を考えてほしい。

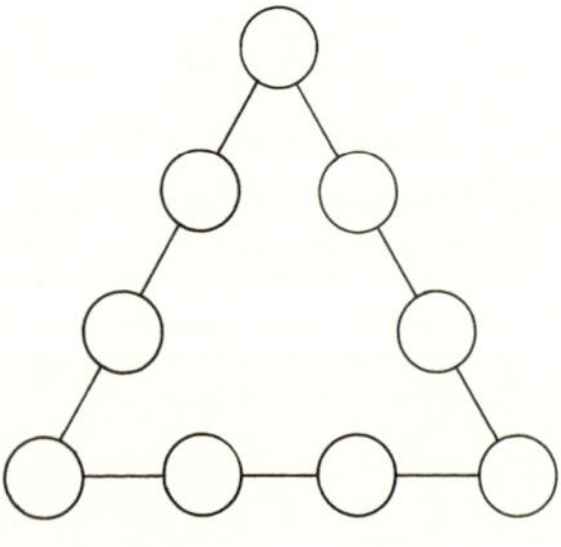

Q2

形を変えて柔軟体操！

図のように、9つのマルのなかに、1から9までの相異なる数字を入れて、ヨコの列5つの数字の和と、タテの列5つの数字の和とが、同じく23になるようにするには、数字をどのように入れればよいか。

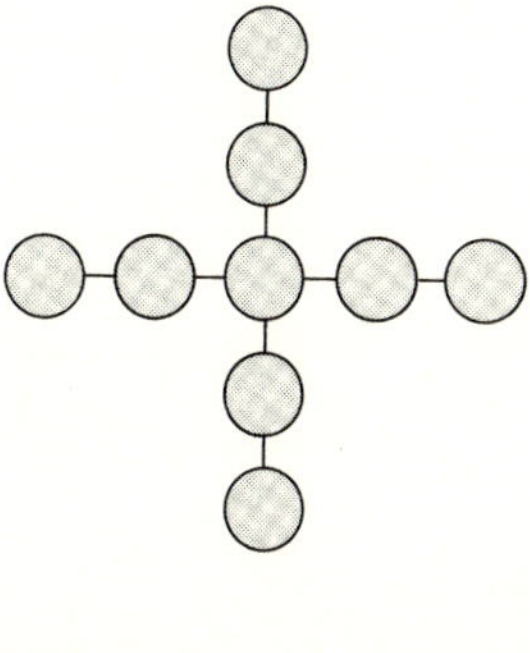

Q3

ちょっと見え方が変わってきたぞ！

図の7つのマルに1から7までの数字を入れて、5本の直線上の数の和が、どこも12になるようにしてほしい。ポイントは頂上のマルにある。

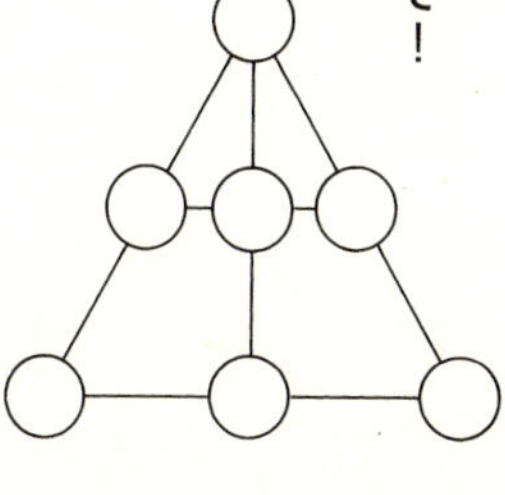

Q4 ダビデの星の秘密にせまれ！

次のように、数字の書いてあるチップを1から12まで、12個並べてみた。いまのところ、オモテを向いているのは2個だけで、残る10個はウラを向いている。

ただし、同じ一直線上に並んだ4個は、どの一列もすべて数字を加えると26になるし、そのうえ、六角星の頂におかれた6個のチップの合計も、やっぱり26になるという。

では、この12個はどんなふうに並べられているのだろうか。

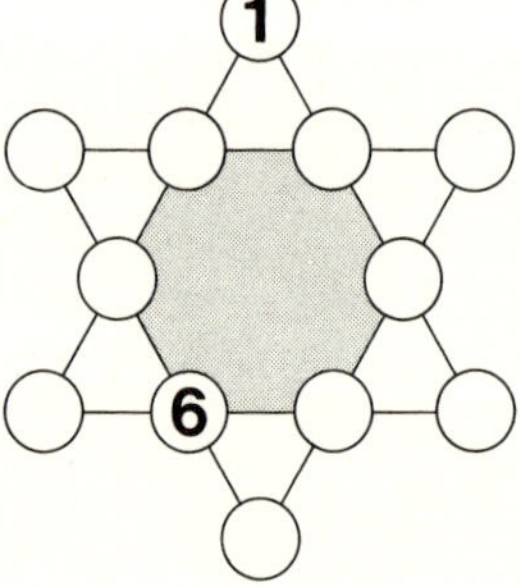

Q5

七角形の荒技に挑戦！

図のマルに1から14までの数字を入れ、一辺に含まれる3つの数字の合計が、すべて21になるようにしてほしい。ただし、3、6、7、10、12はもう使えない

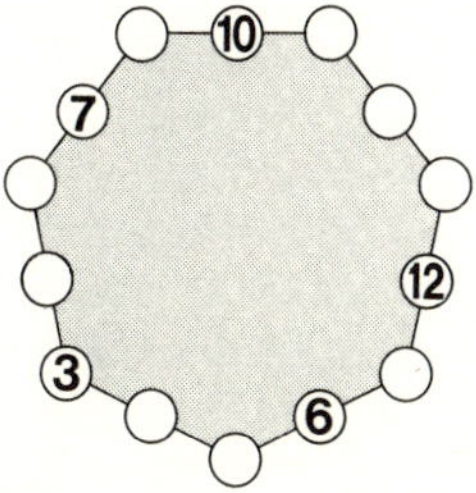

Q6

これが魔辺多角形の最難関！

次の図のなかに4から19までの数字を入れ、直線で結ばれる3つずつの数の合計をすべて等しくなるようにしてほしい。

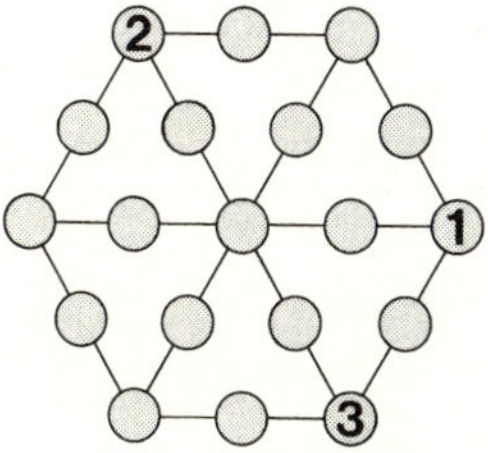

A

①あてもなく、1から9までの数字を、やたらと動かしていては、なかなかできない。手がかりの第一は、三角形の3つの頂点に入れる数字を1・2・3とする。頂点が決まれば、あとは考えるのはやさしくなる。

それでも手こずっている人は、残りの4から9までの数字を2つのグループに分ける。つまり、4・5・6と7・8・9というふうに分けてしまう。

そして、三角形の1つの頂点に1をおいて、2・3を右まわりに配置したら、1と3の間に4をおき、今度は左まわりに5と6をそれぞれ2と3の間、2と1の間に入れる。あとはカンタンにできるはずだ。

①

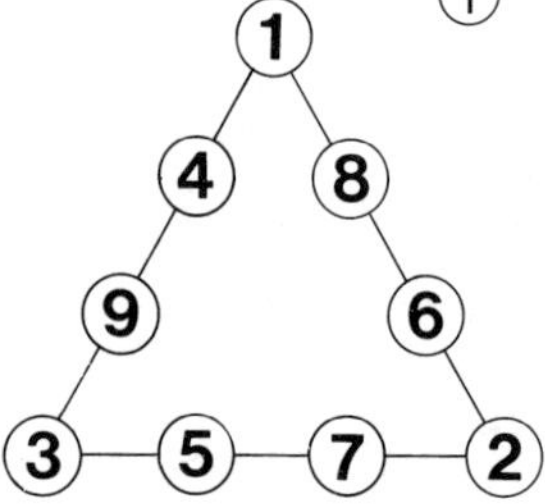

②わかりやすいやり方の一例をあげると、それぞれの頂点のマルには、奇数の3・5・7・9を入れるのが決め手。3・5・7・9のそれぞれに対して、偶数は大きい数の順に組み合わせていけばすぐできる。

③1から7までの合計は28、すると、頂上は偶数（2・4・6のいずれか）でなければいけない。

次に、2や6はダメで4になることが発見できればよいわけである。

②

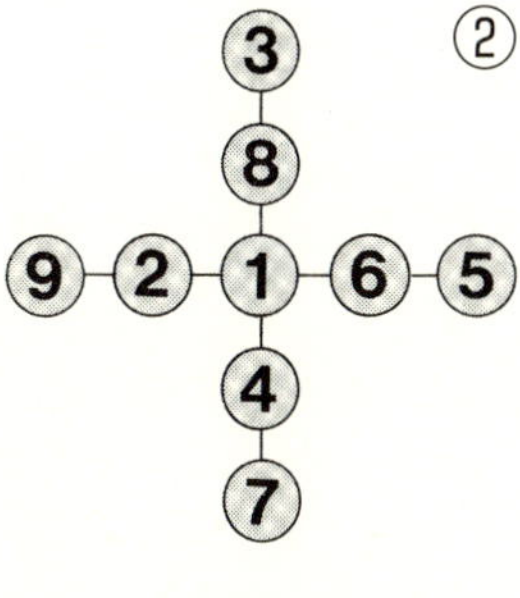

③

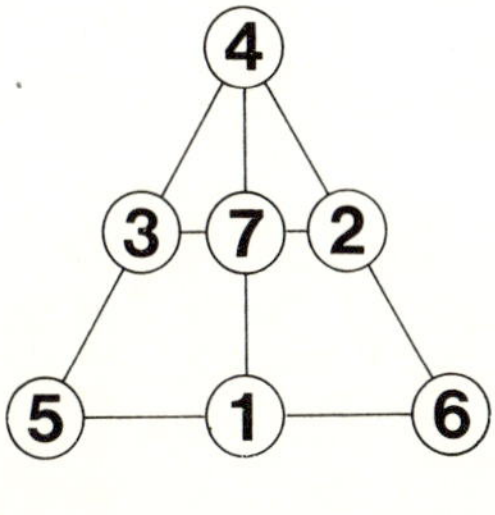

④、⑤、⑥は図のとおり。
ただし、④の場合、6のチップが指定の位置になかったとしたら、他の条件に適する答えは、他に6通りできる。

④

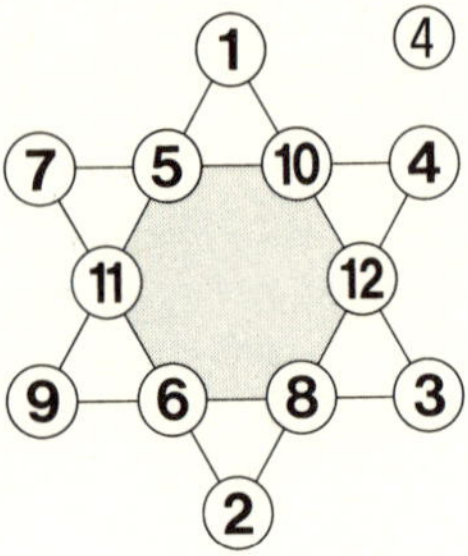

⑤

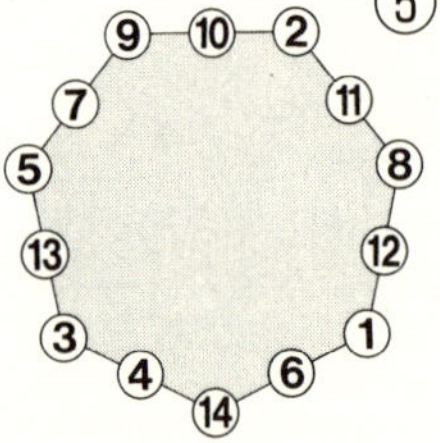

⑥

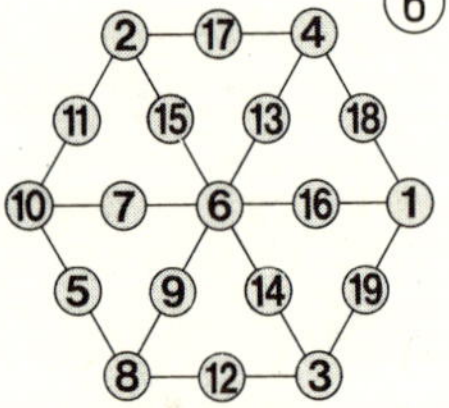

おもしろ数学 8

「そんなバカな」と言いたくもなるが……

——数字のまやかしにどう対抗するか

Q　一辺が8センチメートルの正方形を、図のような大きさでそれぞれ4つに切って並べかえると、全体の面積が1平方センチメートル増えてしまう。なぜだろうか。

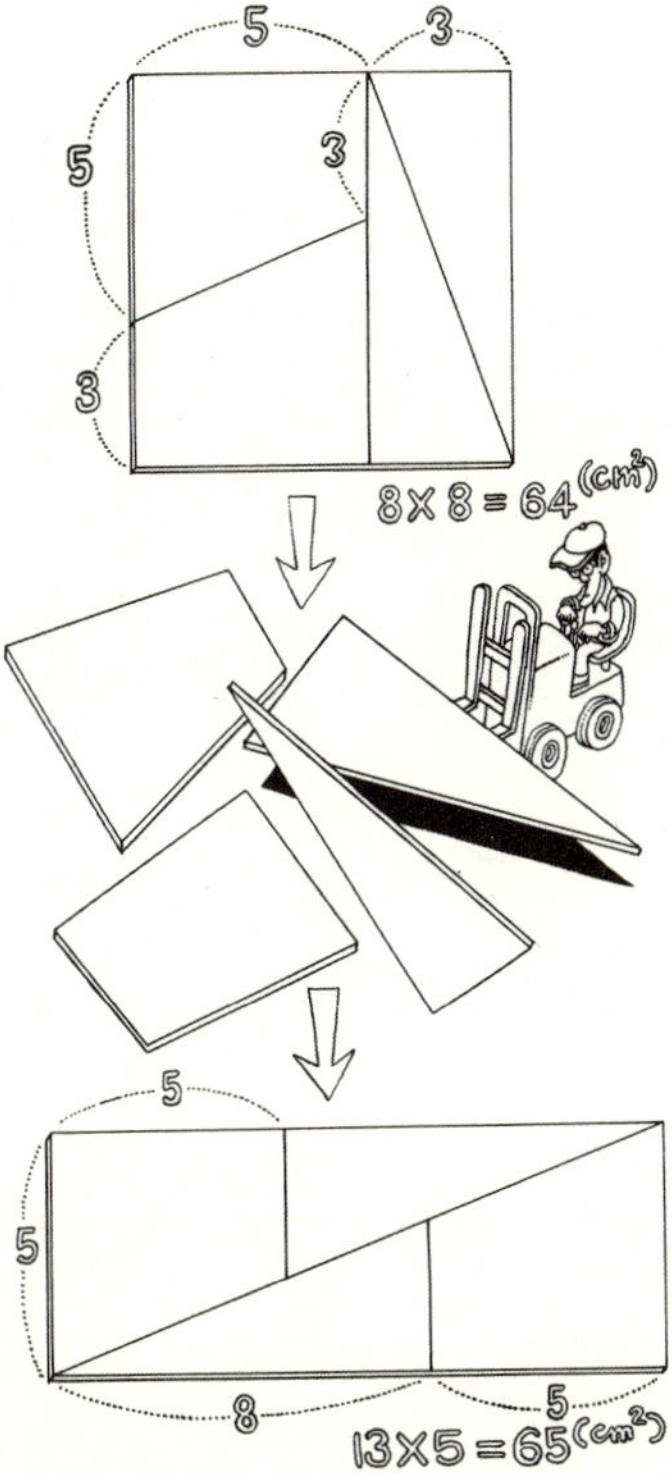

A

ピッタリ合わさって、正方形が長方形に形を変えたように見えるが、よく見ると、紙片と紙片の間にはすき間ができているのである。

図①のa、bの図を正確に描いてみると、斜辺のOAとOBは一致しない。それは直角をはさむ2辺の比が、直角三角形aでは3対8、つまり、15対40であるのに対し、直角三角形bでは、2対5、つまり16対40となり、等しくない。わずか$\frac{1}{40}$の違いだから、このOA、OBの二直線は、見た感じでは重なってしまう。

図②で、対角線のようにみえる線分OABが、じつは折れ線で、上と下の折れ線のすき間が、ちょうど1平方センチメートルあり、これが増えた分だったわけである。

図①

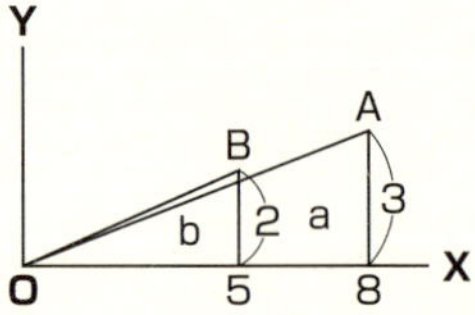

図②

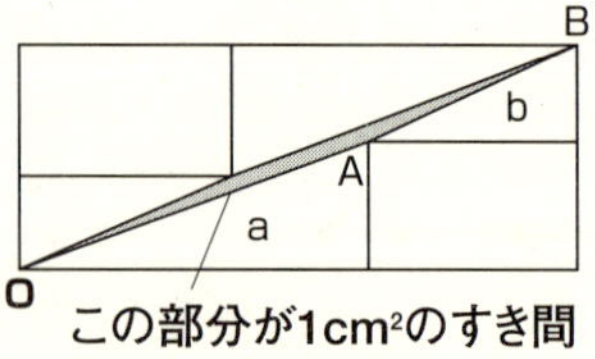

第5章

【数学遊戯】編

「東西知恵比べ」答えが出るまでやめられない！

《魔方陣》——中国人の知恵
亀の甲に描かれた不思議な数字

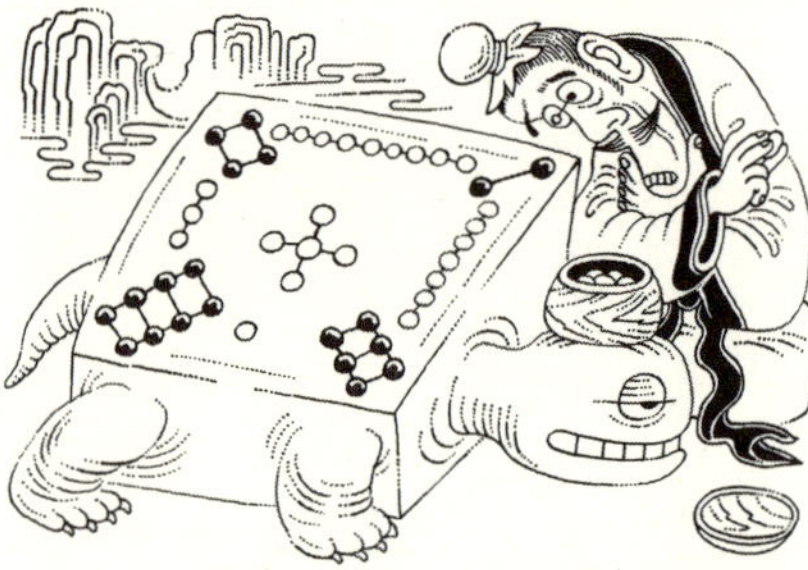

数を正方形のマス目の中に入れて、縦、横、斜め（対角線）、どの列を見ても、数の和が一定になるようにしたものを魔方陣（魔法の四角という意味）、または方陣と呼んでいる。

そのもっとも簡単なものが、次頁Ⓐの三次魔方陣（三方陣）である。

魔方陣を最初に考えたのは、中国人だといわれる。16世紀末に明国で、程大位《ていだいい》の『算法統宗』が公にされたのを機に、文禄・慶長の役以後、日本にも伝えられた。

古代中国の王朝である殷《いん》の遺跡に記されている伝

Ⓐ

4	9	2
3	5	7
8	1	6

Ⓑ

1	14	15	4
12	7	6	9
8	11	10	5
13	2	3	16

説に、次のような話がある。

禹《う》王の治世のころ、洛水（黄河支流）に洪水があり、そのとき、陸にはいあがった大きなカメの背中に、前頁の図のような模様がついていたという。

この模様にある一つながりの丸を、その個数に相当する数に直してみると、Ⓐの三次魔方陣とまったく同じもの。この魔方陣を洛書と呼ぶのはそのためである。この洛書は、天意を表わしていると考えて、人びとはこれを珍重し、占いの基にしたという。

Ⓑの魔方陣は、1世紀にインドでつくられたもので、16個のマス目に、1から16までの数字が入っていて、縦、横、斜めの数の和は、どれも34になっている。

さらに、魔方陣には、次のような数の不思議が秘められている。

①四隅にある数の和も34。
②四隅および中央のマス目4個でできる小さい正方形の数の和も34。
③どの横行も和が15になる一対と、19になる一対とからなる。
④一番上と下の横行の各数の平方の和は438、真ん中の2つの横行は各数の平方の和は310で同じ。
⑤左右の縦列の各数の平方の和は378。真ん中の2つの縦列の平方の和は、370で同じ。
⑥各辺の中点を結んでできる正方形の、対辺上にある数の和もそれぞれ34になる。
1＋12＋5＋3＝15＋9＋8＋2＝34
⑦⑥の場合で、それぞれの平方の和（374）も、立方の和（4624）も等しい。

こういった性質があるために、古代インド人も、のちにはアラビア人も、これらの数がもつ不思議な組み立てに魔力があると信じていたということだ。

この魔方陣がインドから西ヨーロッパに入ってきたのは、16世紀のころであった。ドイツのルネサンス期のすぐれた数学者であり、画家でもあったアルブレヒト・デューラーはこれにほれこみ、自分の銅版画「メレンコリアⅠ」の中に、この魔方陣を書きこんでいる。ただし、この絵は1514年に描かれたので、その制作年を魔方陣の

一番下の段に入るように変形している。

大占星術者のアグリッパは、魔方陣と惑星（太陽と月を含める）とを結びつけた。三方陣は土星、四方陣は木星、五方陣は火星、六方陣は太陽、七方陣は金星、八方陣は水星、九方陣は月といった具合である。そしてそれ以後、星座と方陣とを刻んだメダルが、護符（お守り）として用いられるようになった。

アグリッパの火星方陣

11	24	7	20	3
4	12	25	8	16
17	5	13	21	9
10	18	1	14	22
23	6	19	2	15

יא	כד	ז	כ	ג
ד	יב	כה	ח	יו
יז	ה	יג	כא	ט
י	יח	א	יד	כב
כג	ו	יט	ב	יה

魔方陣の護符①

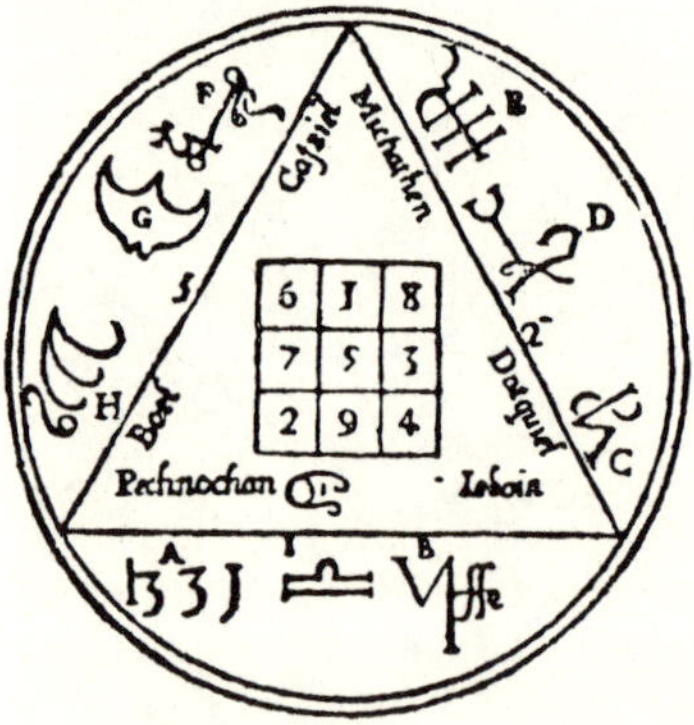

魔方陣の護符②

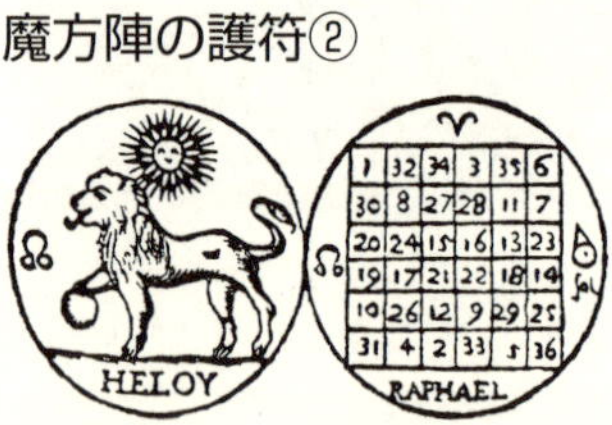

＊　＊

Ⓐ図は、中国の西安から出土した六方陣で、鉄版に古いアラビア数字で刻まれている。現在の数字に直すとⒷ図のようになる。これも魔除けの類《たぐい》で、元の時代に伝えられたものである。

Ⓐ

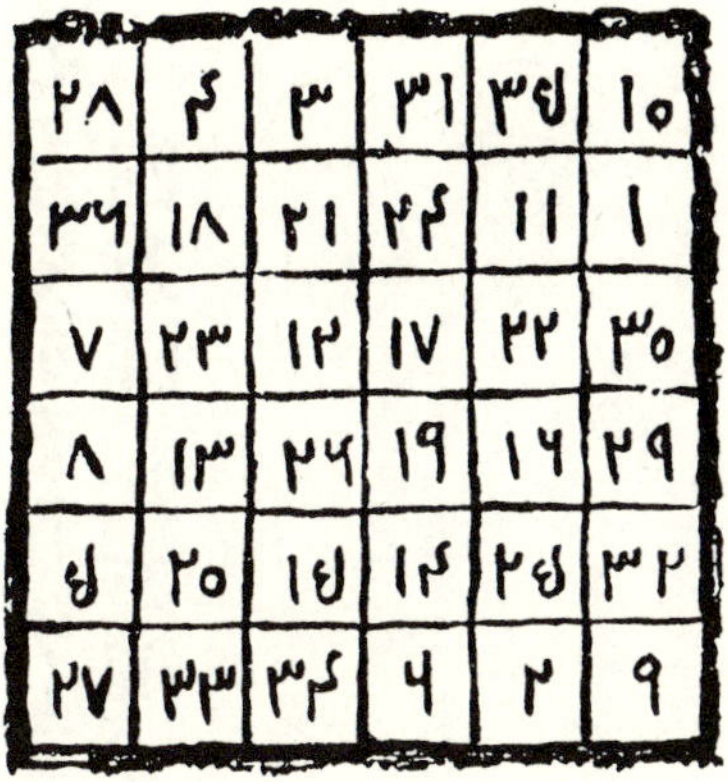

Ⓑ

28	4	3	31	35	10
36	18	21	24	11	1
7	23	12	17	22	30
8	13	26	19	16	29
5	20	15	14	25	32
27	33	34	6	2	9

頭を丸くするトレーニング
——四方陣、八方陣、そしてさかさ魔方陣

魔方陣をつくるのに、一番簡単な方法を紹介しよう。

まず、一辺のマスの合計が奇数の魔方陣について考えてみる。

最初に、一番上の行の中央に1を書きこむ。

次に矢印に示すように、すぐ右上のマス目に次の数を入れる。

もし、マス目が点線で示すように方形からはみ出るときは、反対側へまわりこむ。

ただし、反対側の位置にマス目がない場合は、対角線上の反対のマス目に移動する。

●魔方陣はこうしてつくる

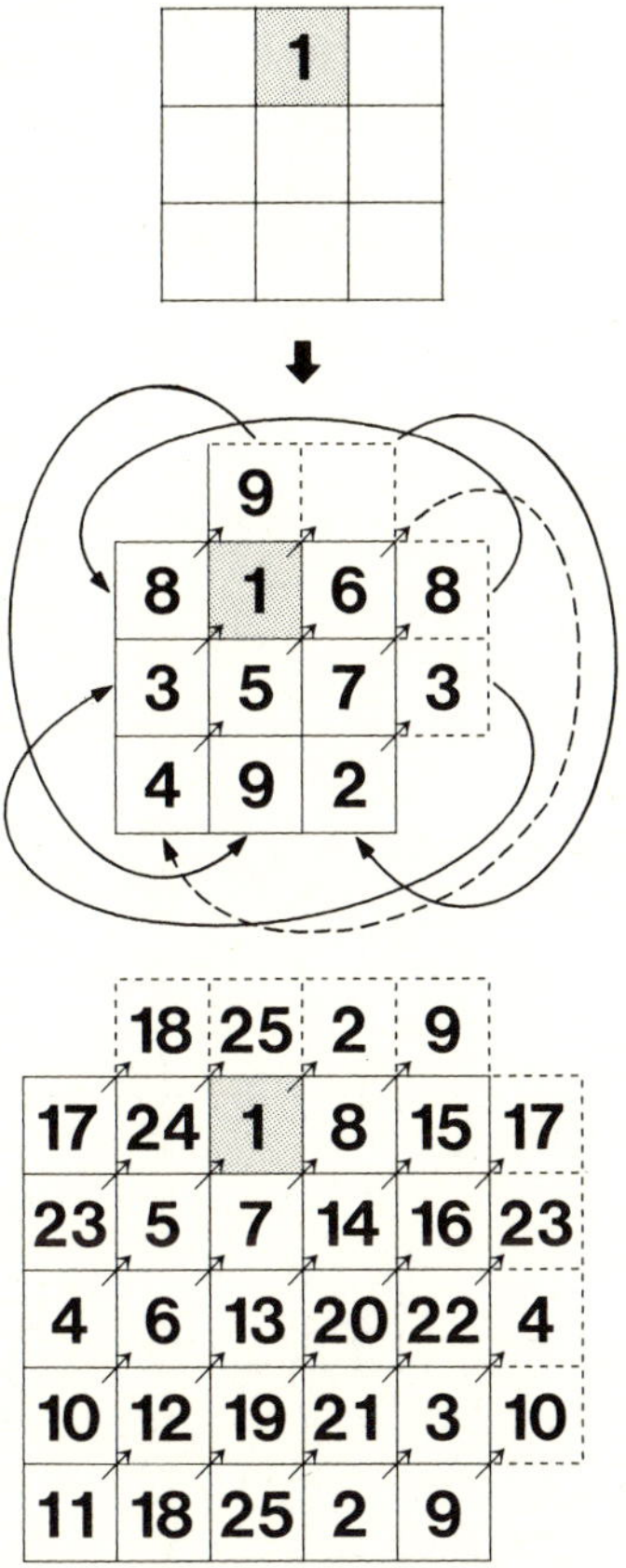

また、右上のマス目に、すでに他の数字が入っている場合には、元の位置の下のあいているマス目に書きこむ。

これで、でき上がりだ。

一辺のマスの合計が偶数の魔方陣の場合は、まったく別のやり方になる。

たとえば四次の魔方陣を考えてみよう。まず、左のⒹの図に示すように、1から16までの数を方陣に書き入れたのち、2本の対角線を引き、それが通るマス目の数字を消し、Ⓔの図のようにする。

次にこうして残された空白のマス目に、対角線で消された数字を、Ⓕの図のように逆の順序に書き入れていく。偶数の魔方陣はこうしてつくることができる。

Ⓓ

1	2	3	4
5	6	7	8
9	10	11	12
13	14	15	16

Ⓔ

	2	3	
5			8
9			12
	14	15	

Ⓕ

16			13
	11	10	
	7	6	
4			1

これを応用して八方陣をつくってみよう。

64個の正方形のマス目の全体を図の太線によって、4つのブロックに分け、対角線を引く。四方陣のときと同じやり方で、左上のすみに1を考える。

1は対角線上にくるから書かず、第1行目からはじめて各行を左から右へ2、3……と入れていく。対角線にぶつかったものは書かない。こうしてできたのが左上図。

次に、8×8＝64の64を、最初に1を考えたところに入れる。左から各行について対角線上に64、61、60……と数を小さくして、2、3、6、7……と、すでに数字のあるところをとばして書きこみ、2つの図を合わせれば、八方陣ができあがる。

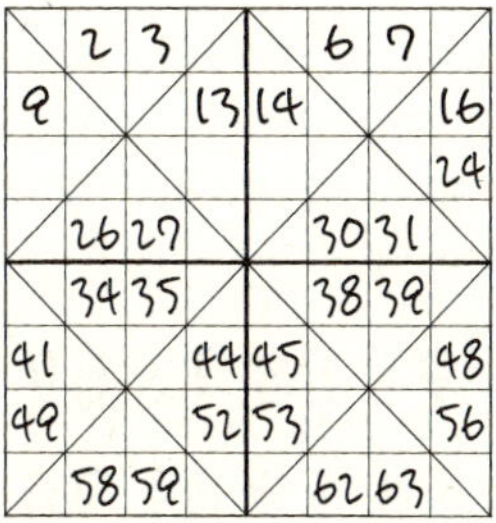

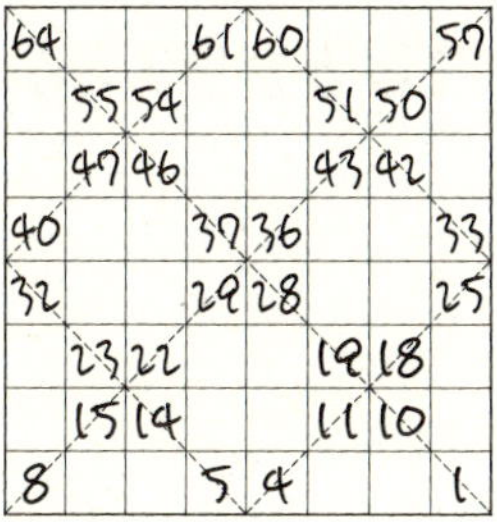

〈"さかさ"魔法陣の世界〉

1111	6019	6001	1109
6109	1001	1019	6111
1009	6101	6119	1001
6011	1119	1101	6009

1111	8818	8881	1188
8188	1881	1818	8111
1888	8181	8118	1811
8811	1118	1181	8888

※ 0、1、8はさかさまにしても形は変わらない。これを利用して作ったのが「さかさ魔法陣」である。

91	88	16	69
66	19	81	98
89	96	68	11
18	61	99	86

《虫食い算》――手がかりになる数字はどれだ！

昔から幅広く知られているものに、「虫食い算」というものがある。

江戸時代、商人のつける大福帳は虫に食い荒らされることが多く、そのために、紙に書いてあった数字が読めなくなることがしばしばあった。そこで、なんとかして虫に食われてしまった数字を推定しようとして始まったのが、その起こりだといわれている。そのため、当時の「虫食い算」は、米相場などにからんだものが多い。

覆面算も虫食い算の一種だが、手がかりになる数字が1つもないものをいい、幽霊算ともいう。

次頁の図Ⓐは松岡能一の『算学稽古大全』のもので、現在の形に直すと、□□□45÷□□＝273となる。

また、Ⓑの藤田貞資《さだすけ》の『精要算法』のものは、1.3×1□□.23＝□□3.7□□となる。

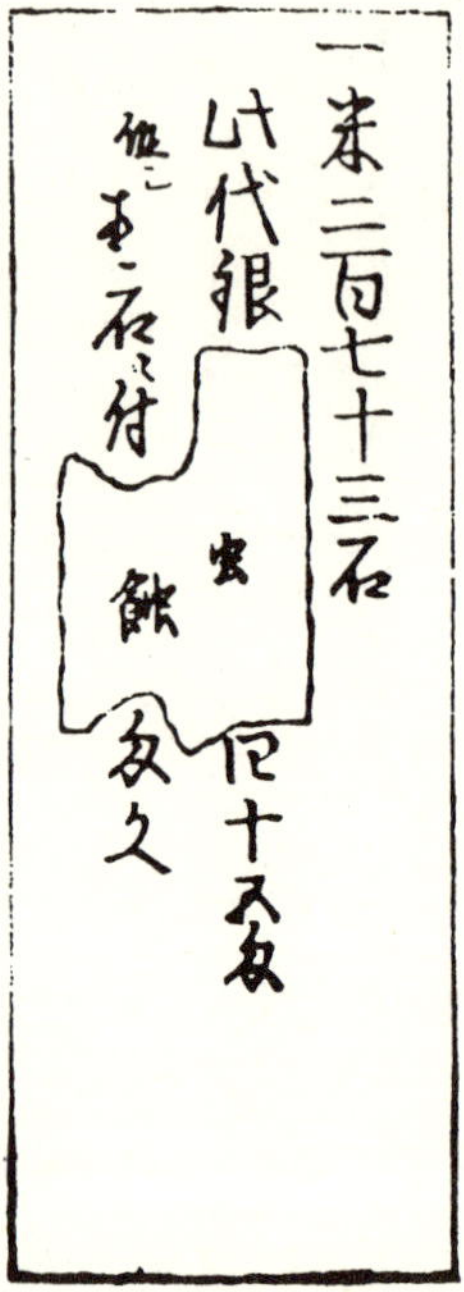

Ⓐ

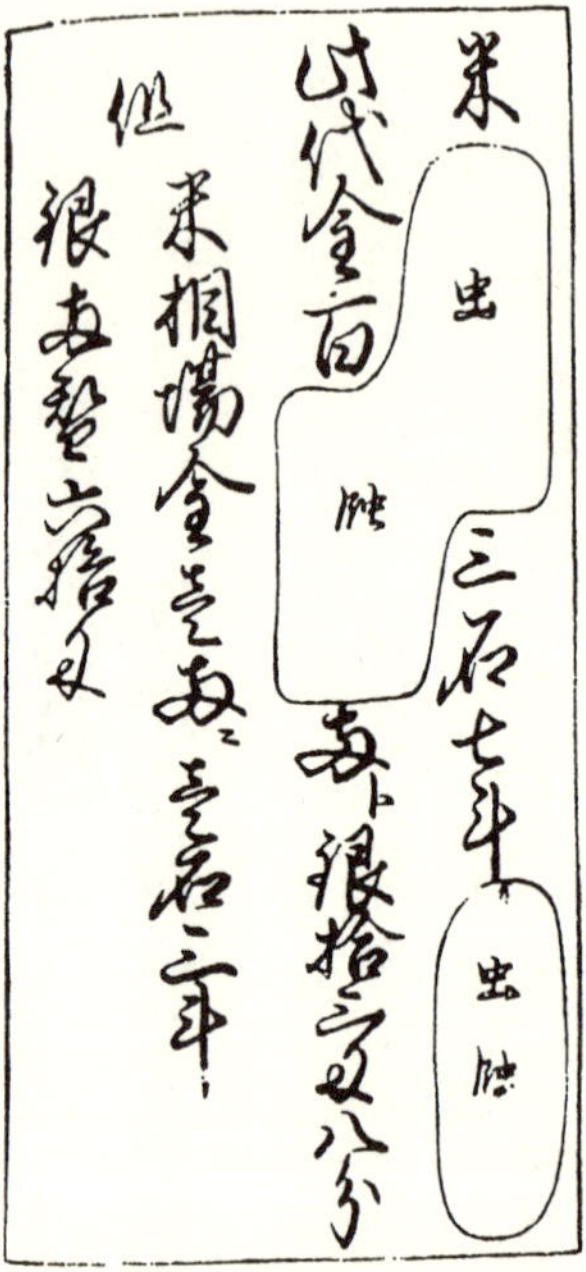

Ⓑ

米二百七十三石
此代銀 虫 四十五匁
但し壱石に付 食 匁かへ（替）

米 虫 三七斗 虫食
此代金百 食 両と銀拾三匁八分
但
米相場金壱両に壱石三斗
銀両替六拾匁

Ⓐ

```
       A B 7
    × 3 C D
  ──────────
     E 0 F G
     H I J
   K 5 L
  ──────────
   M 7 N O 3
```

現在の虫食い算は、ふつう四則の計算式の一部（まれに全部のこともある）の数字が、□や○や x、※などに置き換えられている。

上の例題Ⓐの□に入る数をA～Oとおいてみよう。すると、Gは3。九九の7の段で、一の位が3になるものを考えれば、Dは9になる。

次に、3×7＝21で、Lは1。3B＝3となってBは1。これより順にFは5。Aは1、Kは3、Mは3と決まる。

また、Eは1で、Hは1から9までの数だから、1＋H＋5＝7になり、Hは1であることがわかる。したがって、CもIも1となり、Jは7、Nは3、Oは2となる。

次に、次頁の例題Ⓑを考えてみよう。消えた数字を図Ⓑのように A～Oとおいて考えていく。Fは9、

Hは2、Iは1、Jは5であることはすぐわかる。

次に、215×Bは3桁であるから、Bは4以下の数字と考えられる。O4Gと十の位が4より、条件にあうBは3。したがって、Gは5で、Oは6。また、215×A＝M5N5であるから、215とAの積が4桁で、5とAの積の末位が5になるようなAは、5か7か9の3通り。このうち、条件に適するものは7だけだ。したがって、Nは0、Mは1、Lは6、Kは1、Eは1、Dは7、Cは3となる。

Ⓑ

《覆面算》
――"もっと金送れ"の暗号を解読せよ！

Ⓐ　SEND
＋MORE
―――――
MONEY

Ⓑ　ONE
＋TWO
―――――
SEVEN

数字が文字の覆面をしている――。Ⓐの「もっと金送れ」という意味の問題は１９２４年に発表されたもので、アルファベットの記号に意味づけをした覆面算としては古典的な名作である。

Ⓐの８種の覆面文字にどう数字をあてはめるか、３分間でチャレンジしてもらいたい。Ⓑの覆面文字には５分間さしあげよう。ただし、異なるアルファベットの記号に同じ数字があてはまることはない。

＊　＊

まず、答えの頭のＭは、１桁くりあがった数だから、１ということがわかる。すると中段のＭも１と

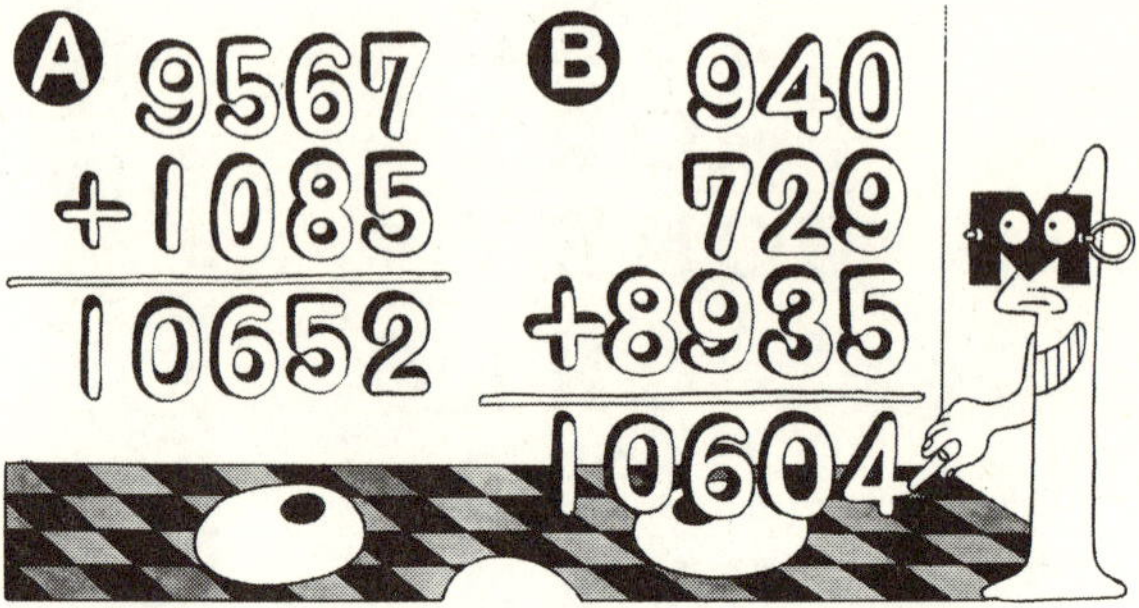

なり、S＋1＝10か、下からくりあがる場合、S＋1＝9となる。したがって、Sは9か8、Oは0、1はすでにMで使っているのでOは0となる。O＝0、N≠Eより、N＝E＋1（この1は、下からのくりあがりを示す）。ここでEが9ならNは0となり、O＝0に矛盾する。するとEは8以下の整数になるから、E＋Oはくりあがらない。よってS＝9。

　次にN＋Rを考える。下からくりあがらないとすれば、N＋R＝10＋E、N＝E＋1より、E＋1＋R＝10＋E　R＝9　これはS＝9に矛盾するから下から1くりあがっていることがわかる。したがって、N＋R＋1＝E＋10　E＋1＋R＋1＝E＋10　これを解くとR＝8となる。

　こうして順次理詰めで数を探り出していくのだ。

《迷宮の伝説》——あなたはどう脱出するか？

〈ハンプトン・コートの迷路〉

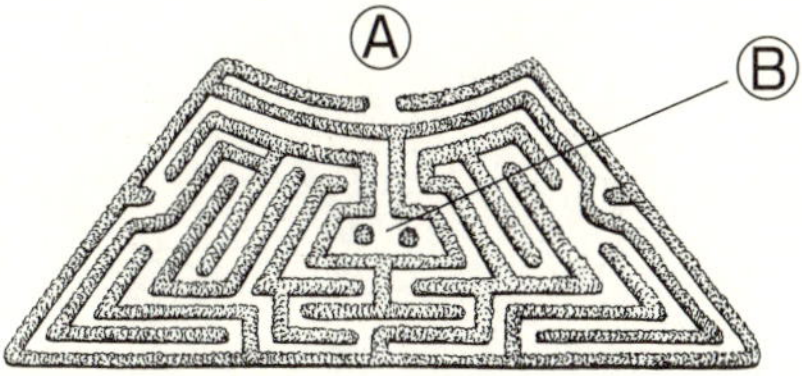

迷路には、鍾乳洞などのように自然にできたものもあれば、アリやモグラの巣のように動物によってつくられたものもある。

人工的なものとしては、ギリシャ神話に登場するクレタ島の王ミノスが、工芸の名人ダイダロスにつくらせた「ラビュリントス」（両刃の斧の宮）が有名で、迷宮の語源ともなっている。

王ミノスは、ここに牛頭人身の怪物ミノタウロスを隠し、毎年、少年少女を人身御供としていたが、英雄テセウスがクレタの王女アリアドネから送られた糸玉をもって道をたどり、怪物を退治して生還す

る。

この糸を利用する方法は、その後、迷路冒険物語にはつきものとなっている。

中世のフランスの教会では、アミアン・シャルルなど床に迷路を示したものがあって、天国への道を象徴する「エルサレムへの道」ともいわれた。また、庭園に設けたものでは、ロンドン近郊の旧王宮ハンプトン・コートの生け垣が有名である。これは1690年にウィリアム三世のためにつくられたものである。

日本では、江戸向島に「八重だすき」という迷路があったといわれる。

＊　　＊

出入口が同じ迷路ならば、片手を壁にそえ、岐路ではつねにその手の側に曲がり（右手なら右折、左

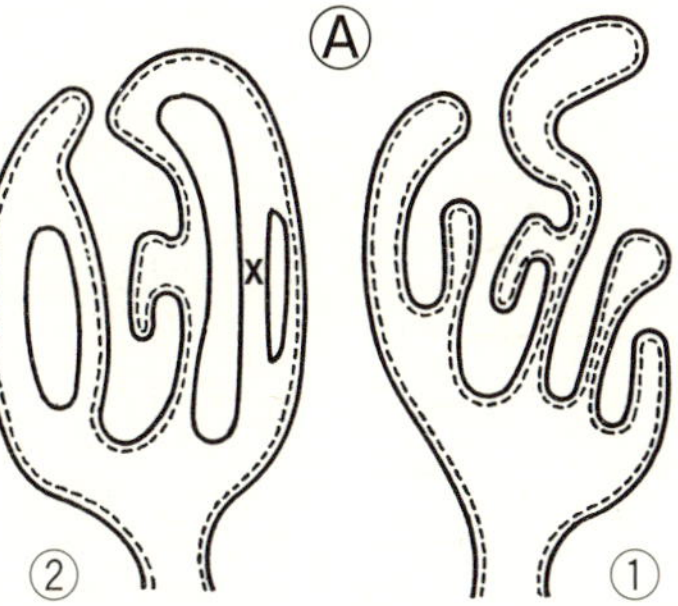

手なら左折をして）、壁伝いに進み続ければ、必ず元の場所に戻ることができる（上図①）。

たとえば、197ページのハンプトン・コートの生け垣の迷路は、Ⓐの地点からⒷ地点にある邸宅まで歩いていくわけだが、左手を生け垣にふれて進めば、必ずⒷの邸宅を通り、元の場所Ⓐに戻ってくることができる。

しかし、枝分かれしている迷路では、すべての道を往復しなければならなくなる。また、輪なりの部分があると、一方向だけを通過することになり、道が3本以上に分かれて合わさる場合には、通らない道が残る（上図②）。

このような迷路では、壁伝いに進んでいっても、一部を回り続けるだけで出られなくなるおそれがある。袋小路を避けたり、出口が別に指定されている場合には、何回か試みた末の記憶にたよるしかない。

こうしたことから迷路は、動物ないし人間の学習能力の実験のために使われる。

迷路の平面図がわかっているときには、三方が囲まれている部分を塗りつぶしていけば、むだのない道がわかる。

左図①の迷路で三方が囲まれている部分を消し、消したためにまた三方が囲まれる部分があれば同様に消していくと、②のように必要な道だけが残るのである。

Ⓑ

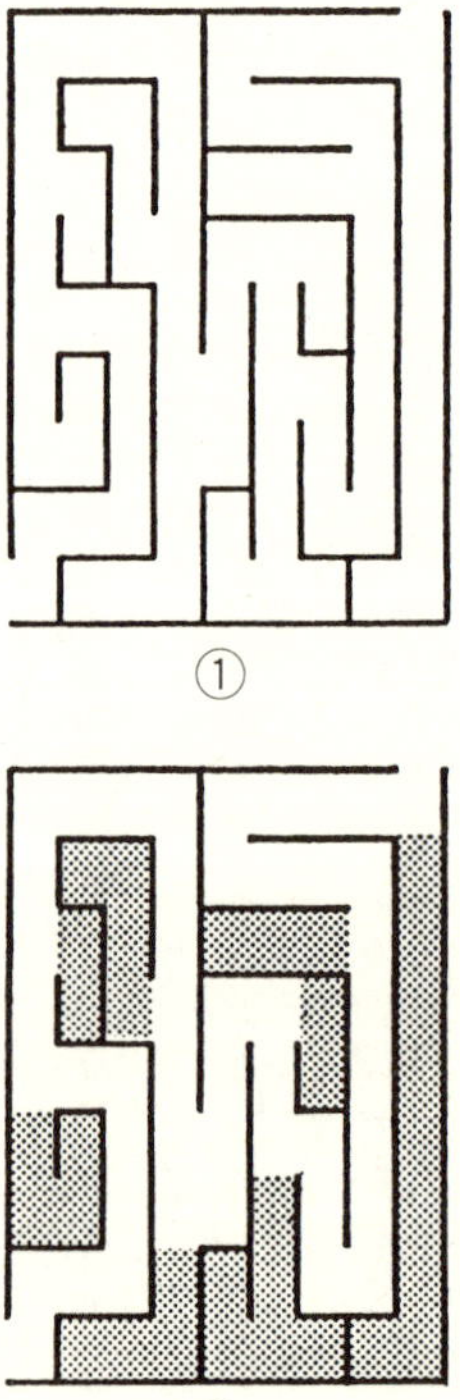

《その他の有名な迷路》

ハットフィールド・ハウスの迷路

王立園芸協会の庭園迷路

《まま子立て》の謎を追う！
——室町時代の数学遊戯

「まま子立て」（継子立て）は、室町時代から江戸時代にかけて行なわれた数学遊戯である。

この「まま子立て」が有名になったのは、『塵劫記《じんこうき》』の五巻本、三巻本に図とともに載せられたためである。

この数学遊戯は、人を円形に並べて、最初の人から数えはじめてn番目に当たる人を順に除いていく、一種のくじ引きのような遊びである。西洋においては、「ヨセフスの問題」と呼ばれている。

「まま子立て」は、兼好法師が著した『徒然草』の中に名前が出てくるほど古いもので、一説には藤原通憲《みちのり》が考えたものといわれている。

＊　　　＊

『塵劫記』にこんな話が出ている。

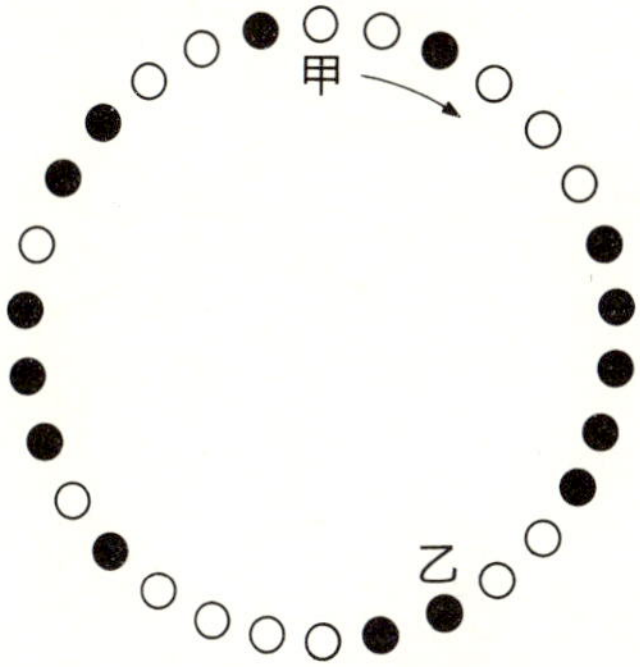

子どもを30人持った母親がいたが、そのうち15人は実の子で、15人はまま子（先妻の子）だった。ある日、母親はこの子らを円く並ばせて10番目に当たる者を順に除いていき、最後に残った者にこの家を継がせるといった。（上図○が実子、●がまま子）

ところが、甲から数えはじめ、いざやってみると、除かれるのはまま子ばかりで、まま子は、ついに最後の1人となった。そこで、そのまま子は「これではあんまりです。今からは私（乙）から数えはじめてください」といった。母親はやむなくそのとおりにすると、今度は実子ばかり除かれて、最後にそのまま子だけが残ったという。

この配列は上図に見るとおりである。

さて、1186年、西行法師は鎌倉で源頼朝と会い、銀でつくった猫の置物をもらった。西行が門を

出ると、そこで子どもたちが大勢遊んでいた。西行は子どもたち30人を円形に並べ、20番目に当たる者を順に除いていき、最後に残った者にその置物を与えたという話が、『算法稽古《さんぽうけいこ》図会《ずえ》大成《たいせい》』という書物に載っている。

なお、この話は、史書『吾妻鏡《あづまかがみ》』にも載っている。

《西洋版・まま子立て》——「難破船」……神はクリスチャンのみを救う？

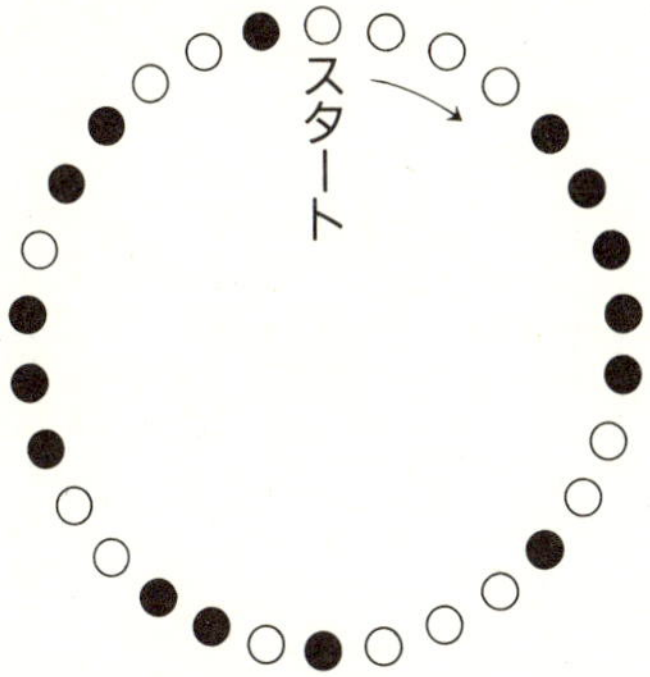

ここで紹介するのは１４８４年にフランスのニコラ・シューケーの著した書物や、10世紀、11世紀の写本にも見られる有名な話である。

キリスト教徒が15人、トルコ人（異教徒）が15人乗っていた船が暴風にあって難破し、乗員のうち15人を海に放り出さなければ、船が沈没するという事態になった。

そこで、船長は乗員全員を円形に並べて、９番目に当たる者を次々に海に投げ入れた。

このとき、船長は図のようにキリスト教徒（白丸）とトルコ人（黒丸）を並べた。その結果、キリスト教徒は全員救われたということである。

ロシアン・ルーレットより怖い！
――九死に一生を得たヨセフスの知恵

これは370年ごろにヘゲシッパスの名前で書かれたものである。

ユダヤのヨタバタの町がローマ軍に包囲されたとき、ヨセフスは同志40人とほら穴に隠れた。しかし、とうてい逃げきれない。ヨセフスと彼の友人は生き延びたいと思

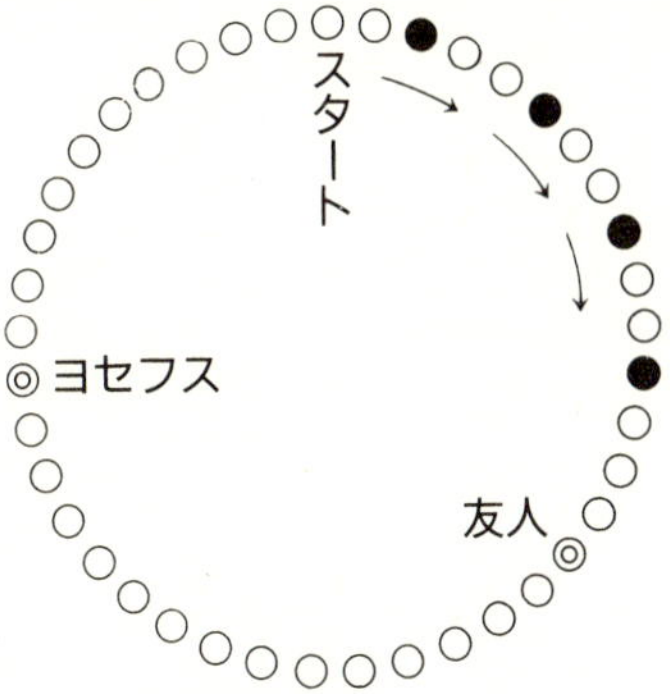

っていたが、他の者はみな自決を主張した。そこでヨセフスは一計を案じた。全員が円形に並んで、3番目に当たる者が順に他の者に殺してもらい、最後の1人は自決するというものであった。みんながこれに賛成したので、彼と友人は16番目と31番目に位置して、九死に一生を得たという。

この話はヨセフスの著した『ユダヤ戦記』にも出ている実話だ。

おもしろ数学 9

気になるあの人に、この手でアタック

――「恋の数学トリック」

Q

女性の年齢を尋ねることは、エチケットに反することだが、知らない間に年齢だけでなく、その誕生日までズバリと当ててしまう方法がある。さて、気弱な男性諸君を救うその方法とは？

A

まず、相手に生まれた月日を2倍してもらい、そこに5を加える。それをさらに50倍し、年齢を足してもらい、そこから250を引くと、知りたい相手の誕生日、年齢が一発でわかる。

たとえば、9月23日生まれの18歳の人の場合は、9月23日を923とおき、(923×2＋5）×50＋18－250＝92318。

下2桁が年齢、その他が誕生日を表わすことになる。

第6章

【不思議な数学】編

世にも不思議な「女王のトリック」

どうしてこうなるの？——不思議な「小町算」

1から9までの9個の数字を使い、しかも、なるべく順序をくずさないで、この数字の間に、＋、－、×、÷、（ ）の記号を入れ、一定の数にする計算を、昔から「小町算」と呼んでいる。

これは、1698年、田中由貴《よしざね》が書いたといわれる『雑集求笑算法』の中にも記載があり、相当古くからあったことがわかる。

いずれにしても、絶世の美女といわれた小野小町の名前をつけたこの計算式は、数字がきちんと並ぶ、たいへん美しい計算式である。

●「＋」と「－」で100づくり

1から9までの数を小さい順に並べ、それを適当にくぎって、間に＋か－の符号を入れ、計算の結果がちょうど100になるようにしてみよう。

さて、根気よくやっていくと、次頁の上の式が得られる。

〈小町算〉

123−45−67+89 =100
123+ 4 − 5 −67−89 =100
123+45−67+ 8 − 9 =100
123− 4 − 5 − 6 − 7 + 8 − 9 =100
12− 3 − 4 + 5 − 6 + 7 +89 =100
12+ 3 + 4 + 5 − 6 − 7 +89 =100
12+ 3 − 4 + 5 +67+ 8 + 9 =100
1 +23− 4 + 5 + 6 +78− 9 =100
1 + 2 +34− 5 +67− 8 + 9 =100
1 +23− 4 +56+ 7 + 8 + 9 =100
1 + 2 + 3 − 4 + 5 + 6 +78+ 9 =100
−1 + 2 − 3 + 4 + 5 + 6 +78+ 9 =100

98−76+54+ 3 +21 =100
98− 7 − 6 − 5 − 4 + 3 +21 =100
98− 7 + 6 + 5 + 4 − 3 − 2 − 1 =100
98+ 7 − 6 + 5 − 4 + 3 − 2 − 1 =100
98+ 7 + 6 − 5 − 4 − 3 + 2 − 1 =100
98+ 7 − 6 + 5 − 4 − 3 + 2 + 1 =100
98− 7 + 6 + 5 − 4 + 3 − 2 + 1 =100
98− 7 + 6 − 5 + 4 + 3 + 2 − 1 =100
98+ 7 − 6 − 5 + 4 + 3 − 2 + 1 =100
98− 7 − 6 + 5 + 4 + 3 + 2 + 1 =100
9 − 8 +76+54−32+ 1 =100
9 − 8 + 7 +65− 4 +32− 1 =100
9 − 8 +76− 5 + 4 + 3 +21 =100
9 + 8 +76+ 5 + 4 − 3 + 2 − 1 =100
9 + 8 +76+ 5 − 4 + 3 + 2 + 1 =100
−9 + 8 +76+ 5 − 4 + 3 +21 =100
−9 + 8 +76+ 5 − 4 + 3 +21 =100
−9 − 8 +76− 5 +43+ 2 + 1 =100

$\frac{6729}{13458}=\frac{1}{2}$　$\frac{5823}{17469}=\frac{1}{3}$　$\frac{3942}{15768}=\frac{1}{4}$

$\frac{2697}{13485}=\frac{1}{5}$　$\frac{2943}{17658}=\frac{1}{6}$　$\frac{2394}{16758}=\frac{1}{7}$

$\frac{3187}{25496}=\frac{1}{8}$　$\frac{6381}{57429}=\frac{1}{9}$

それができたら、今度は、逆に1から9までの数字を大きい順に並べて小町算をつくってみよう。

●単位分数づくり

今度は、1から9までの数字を1回ずつ使って、$\frac{1}{2}$から$\frac{1}{9}$までの単位分数をつくってみる。数字の並び方は順序通りにならなくてもよい。上に、この例をひとつずつあげたが、これ以外にも、いくつかの単位分数がつくれることが知られている。

●帯分数の100づくり（世紀パズル）

小町算の代表的なものは、西洋で「センチュリー・パズル（世紀パズル）」と呼ばれている「100づくり」である。

1から9までの数を1回ずつ使って帯分数をつくり、100を表わすようにしてみよう。この場合、数字の並び方は、順序よく並んでいなくてもかまわない。

$96\frac{2148}{537}=100$	$96\frac{1752}{438}=100$	$96\frac{1428}{357}=100$
$91\frac{5823}{647}=100$	$91\frac{5742}{638}=100$	$94\frac{1578}{263}=100$
$81\frac{5643}{297}=100$	$82\frac{3546}{197}=100$	$91\frac{7524}{836}=100$
〈世紀《センチュリー》パズル〉	$3\frac{69258}{714}=100$	$81\frac{7524}{396}=100$

なかなかむずかしい問題である。昔から、多くの人がこの問題に挑戦してきたが、現在では、上の11種類が求められている。

美の極致!?——「整数」は数学の女王だ!

1×1	=	1
11×11	=	121
111×111	=	12321
1111×1111	=	1234321
11111×11111	=	123454321
111111×111111	=	12345654321
1111111×1111111	=	1234567654321
11111111×11111111	=	123456787654321
111111111×111111111	=	12345678987654321

整数の美しさに心を打たれ、研究に没頭した数学者は多い。ギリシャの哲学者・数学者であるピタゴラスもその一人である。彼は、「万物は数である」と説いた。また、ドイツの数学者ガウスは、「整数は数学の女王である」といった。

上にあげたものは、それぞれ、美しい数の配列になっている。

整数がもつ性質を上手に使えば、このように数を特別な形に並べたり、均整のとれた形にデザインすることができる。

〈ここまでくればもう芸術だ！〉

$$1 = 1 = 1^2$$
$$1 + 3 = 4 = 2^2$$
$$1 + 3 + 5 = 9 = 3^2$$
$$1 + 3 + 5 + 7 = 16 = 4^2$$
$$1 + 3 + 5 + 7 + 9 = 25 = 5^2$$
$$1 + 3 + 5 + 7 + 9 + 11 = 36 = 6^2$$
$$1 + 3 + 5 + 7 + 9 + 11 + 13 = 49 = 7^2$$
$$1 + 3 + 5 + 7 + 9 + 11 + 13 + 15 = 64 = 8^2$$
$$1 + 3 + 5 + 7 + 9 + 11 + 13 + 15 + 17 = 81 = 9^2$$

$$1 \times 8 + 1 = 9$$
$$12 \times 8 + 2 = 98$$
$$123 \times 8 + 3 = 987$$
$$1234 \times 8 + 4 = 9876$$
$$12345 \times 8 + 5 = 98765$$
$$123456 \times 8 + 6 = 987654$$
$$1234567 \times 8 + 7 = 9876543$$
$$12345678 \times 8 + 8 = 98765432$$
$$123456789 \times 8 + 9 = 987654321$$

$$1 \times 9 + 2 = 11$$
$$12 \times 9 + 3 = 111$$
$$123 \times 9 + 4 = 1111$$
$$1234 \times 9 + 5 = 11111$$
$$12345 \times 9 + 6 = 111111$$
$$123456 \times 9 + 7 = 1111111$$
$$1234567 \times 9 + 8 = 11111111$$
$$12345678 \times 9 + 9 = 111111111$$
$$123456789 \times 9 + 10 = 1111111111$$

〈これぞ美しき整数の"祭典"だ！〉

3×9+6=33
33×99+66=3333
333×999+666=333333
3333×9999+6666=33333333
33333×99999+66666=3333333333

1 + 2 = 3
4 + 5 + 6 = 7 + 8
9+10+11+12=13+14+15
16+17+18+19+20=21+22+23+24
25+26+27+28+29+30=31+32+33+34+35

12345679×1×9=111111111
12345679×2×9=222222222
12345679×3×9=333333333
12345679×4×9=444444444
12345679×5×9=555555555
12345679×6×9=666666666
12345679×7×9=777777777
12345679×8×9=888888888
12345679×9×9=999999999

これがなかなかの曲者——142857という数字

$$
142857 \times
\begin{cases}
1 = 142857 \\
2 = 285714 \\
3 = 428571 \\
4 = 571428 \\
5 = 714285 \\
6 = 857142 \\
7 = 999999
\end{cases}
$$

数には不思議なトリックがたくさん秘められている。図の142857という数字もそうである。

この142857という数に1から順に6まで掛けていくと、答えは142857の配列が入れかわった数になる。そして、さらに7を掛けると、9が6個の数になるのである。この142857という数字は、実は、$\frac{1}{7}$の答えである循環小数、すなわち0.142857の循環する部分である。

これをもうちょっと発展させて、$\frac{1}{17}$の循環小数であるところの0.0588235294117647を使って、同じような計算を試みたらどうだろう。

この場合も、2から16までは、元の数の配列が変わっただけの答えが並び、17を掛けると9が16個も並ぶのである。これはこの2つの数だけでなく、循環小数となるものであれば、どれにも同じような原理がある。

もうひとつ不思議なこととして、$\frac{1}{7}$や$\frac{1}{17}$の循環部分を2つに分け、それぞれを足すとその和が9の連続数になるという点である。

さらに、この循環小数というものは、それぞれの数字をすべて1桁になるまで足していけば必ず9になるという性質ももっている。

〈「×17」で出てきた9の嵐！〉

0.0588235294117647

×

1=0.0588235294117647
10=0.5882352941176470
15=0.8823529411764705
14=0.8235294117647058
4=0.2352941176470588
6=0.3529411764705882
9=0.5294117647058823
5=0.2941176470588235
16=0.9411764705882352
7=0.4117647058823529
2=0.1176470588235294
3=0.1764705882352941
13=0.7647058823529411
11=0.6470588235294117
8=0.4705882352941176
12=0.7058823529411764

17=0.9999999999999999

〈世にも不思議な循環少数のトリック〉

142857→142+857=999
142857→1+4+2+8+5+7=27
2+7=9

神秘の数
——3、7、9のおかしな〝性質〟とは？

3、7、9といえば、数のトリックによく使われる非常に神秘的な数字である。

＊

37に3を掛けると答えは111になり、6を掛けると222になる。さらに、9を掛けると333となり、12を掛けると444、15を掛けると555となる。

こうして37に3、6、9、12、15、18、21、24、27の9個の数を掛けると、それぞれ、1、2、3、4、5、6、7、8、9の3桁の答えができる。つまり、掛ける数はすべて3の倍数であり、3に掛けた数（掛け数の$\frac{1}{3}$の数）の連続数ができるのである。

＊

15873という数字に7を掛けると、答えはすべて1の連続したものになる。

さらに7の倍数を掛けていくと、2倍のときは2の連続数になり、3倍のときは3

$37 \times 3 = 37 \times (3 \times 1) = 111$
$37 \times 6 = 37 \times (3 \times 2) = 222$
$37 \times 9 = 37 \times (3 \times 3) = 333$
$37 \times 12 = 37 \times (3 \times 4) = 444$
$37 \times 15 = 37 \times (3 \times 5) = 555$
$37 \times 18 = 37 \times (3 \times 6) = 666$
$37 \times 21 = 37 \times (3 \times 7) = 777$
$37 \times 24 = 37 \times (3 \times 8) = 888$
$37 \times 27 = 37 \times (3 \times 9) = 999$

$15873 \times 7 = 15873 \times (7 \times 1) = 111111$
$15873 \times 14 = 15873 \times (7 \times 2) = 222222$
$15873 \times 21 = 15873 \times (7 \times 3) = 333333$
$15873 \times 28 = 15873 \times (7 \times 4) = 444444$
$15873 \times 35 = 15873 \times (7 \times 5) = 555555$
$15873 \times 42 = 15873 \times (7 \times 6) = 666666$
$15873 \times 49 = 15873 \times (7 \times 7) = 777777$
$15873 \times 56 = 15873 \times (7 \times 8) = 888888$
$15873 \times 63 = 15873 \times (7 \times 9) = 999999$

99 × 1 =		9	9
99 × 2 =	1	9	8
99 × 3 =	2	9	7
99 × 4 =	3	9	6
99 × 5 =	4	9	5
99 × 6 =	5	9	4
99 × 7 =	6	9	3
99 × 8 =	7	9	2
99 × 9 =	8	9	1

9 × 1 =		9
9 × 2 =	1	8
9 × 3 =	2	7
9 × 4 =	3	6
9 × 5 =	4	5
9 × 6 =	5	4
9 × 7 =	6	3
9 × 8 =	7	2
9 × 9 =	8	1

の連続数という具合に9の連続数までつくることができる。

前頁の図を見て、実際に自分で計算してみてほしい。

9という数字は、さまざまな不思議な性質をもっている。とくに掛け算に、変わった法則を発見することができる。

9に2から9までの各数字を掛けると、答えは2桁になる。

その2桁の答えをそれぞれ足すと、その和が必ず9になるのである。

＊　＊

上図の計算式を見てほしい。

答えの数の和がそれぞれ9になるだけでなく、答えの一の位は9から順に1まで下がっていき、十の

位は0から順に8まで上がっていくのである。
次に99の掛け算を見てみよう。
図でわかるように、一の位は9から順に1まで下がっていき、十の位はすべて9が並び、百の位は0から順に8まで上がっていくのである。
しかも、9の掛け算と同じに、一の位と百の位の和はすべて9。と同時に、一の位と百の位の数字は、9のときとまったく同じになる。

スリー・セブンならぬ777777777を一発で出す！

$$
\begin{array}{r}
12345679 \\
\times \quad\quad 45 \\
\hline
61728395 \\
49382716 \\
\hline
555555555
\end{array}
$$

1から9までの数字のうち、だれにも好みの数字というものがあるものだ。たとえば、誕生日が9日だから9という数字が好きだとか、ラッキーセブンの7が好きだとか。

そこで、好みの数字がずらりと並ぶ計算を考えてみよう。

もし、5が好みの数字なら、1から9までの数字から8を抜いた8桁の数を並べ、それに45を掛ける。

なんと、答えには5が9つも並んでしまうのだ。

一体これはどういう仕組みなのだろうか？

＊　　＊

ある数を x として、$12345679 \times 9x$ を計算すると、左図のようになる。

だから、1から9までの数字のうち、どんな数字でもこの方法で並べることができる。つまり、12345679に、自分の好みの数字の9倍を掛ければよいのである。

それが6なら、$12345679 \times 54 = 666666666$、9なら、$123456789 \times 81 = 999999999$となる。

$$12345679 \times 9x$$
$$= (12345679 \times 9)x$$
$$= (111111111)x$$
$$= xxxxxxxxx$$

$12345679 \times 18 = 222222222$

$12345679 \times 27 = 333333333$

$12345679 \times 36 = 444444444$

$12345679 \times 45 = 555555555$

$12345679 \times 54 = 666666666$

$12345679 \times 63 = 777777777$

$12345679 \times 72 = 888888888$

$12345679 \times 81 = 999999999$

おもしろ数学 10

下手をすると本当に頭が悪くなる!?
——この問題の落とし穴はどこ?

Q

1周100メートルの円形のトラックで、Ⓐ〜Ⓖの7人が100メートル競走をすることになった。コースの幅を2メートルとすると、2π(r+2)−2πr=4π≒12.56(m)より、Ⓐの右の走者Ⓑは、Ⓐより12・56メートル前からスタートすれば、Ⓐと同じ距離を走ることになる。

このように、それぞれ12・56メートルずつ前にずらすと、7列目のⒼは、Ⓐより約87・90メートル前を走ることになり、およそ12メートル走って一等になってしまう。本当だろうか——。

A

この問題のトリックは、一番外側のⒼが走るトラック1周の距離を100メートルと思いこんでしまうところにある。外側になればなるほどトラックの直径は長くなり、当然円周も長くなる。

GOAL
A
B
C
D
E
F
G

おもしろ数学 11

こんな仕打ちは許せない！

——見せかけとごまかしを打ち破る法！

Q

ある会社で、社員から賃上げの要求に対し、社長は次のような回答をした。

「1年は365日だが、計算しやすいように366日としよう。1日8時間労働というのは、1日のうち$\frac{1}{3}$だけ働くことであるから、実働は366日の$\frac{1}{3}$。つまり122日である。そのうち、日曜日が1年間52日あり、週休2日制で土曜休みが52日ある。すると、諸君は年間18日しか働いていないことになる。わが社では、有給休暇で14日間を休める。さらに会社創立記念日などの社休が4日あり、これを全部引くと、結局諸君は1日も働いていないことになる。

したがって、会社としては、これ以上月給を上げる必要などないという結論に達したのである」

毎日汗水流して働いているのに、「1日も働いていない」とはどういうことか。計算式に間違いがないようだし、いったい、どこに問題があるのだろうか。

A

この問題のトリックは、日数の考え方にある。たしかに、実働日数は122日だが、ここから引いた休日の日数がクセモノ。実働時間以外の、すでに引かれている、食べたり遊んだりする時間まで入っているのだ。

はじめから「質」の異なるものを同列に並べて考えているのだから、答えがおかしくなって当然。このように、数学では「質」の違いを頭に入れずに計算するために、答えが出ない場合がある。

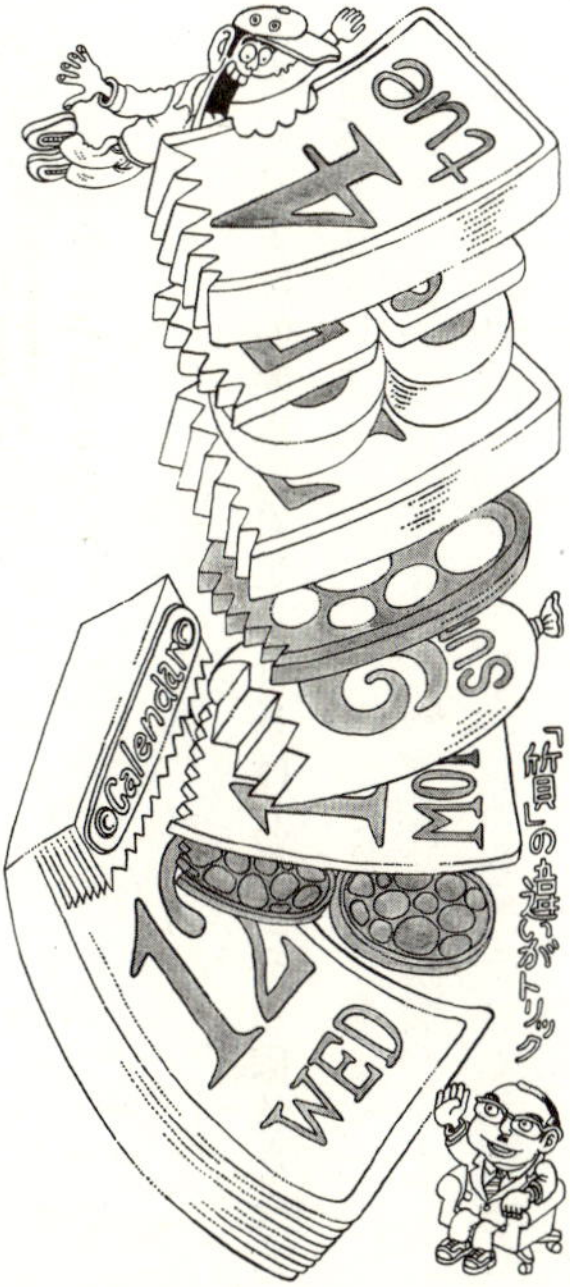

おもしろ数学 12

分数の怪？
——母と子はいつでも仲良し

Q

①掛けても引いても同じ数、②掛けても足しても同じ数となる数式がある。さて、いったいどんな数式か？

A

①分子の数と分母同士の差が同じになるような2つの分数をつくればいい。

たとえば、

$$\frac{1}{4}\times\frac{1}{5}=\frac{1}{4}-\frac{1}{5}=\frac{1}{20}$$

$$\frac{2}{3}\times\frac{2}{5}=\frac{2}{3}-\frac{2}{5}=\frac{4}{15}$$

$$\frac{3}{5}\times\frac{3}{8}=\frac{3}{5}-\frac{3}{8}=\frac{9}{40}$$

②分子の数と分母同士の和が等しくなるような２つの分数をつくればいい。たとえば、

$$\frac{9}{2}\times\frac{9}{7}=\frac{9}{2}+\frac{9}{7}=\frac{81}{14}$$

$$\frac{7}{3}\times\frac{7}{4}=\frac{7}{3}+\frac{7}{4}=\frac{49}{12}$$

さあ、自分でもいろいろ試してみよう。

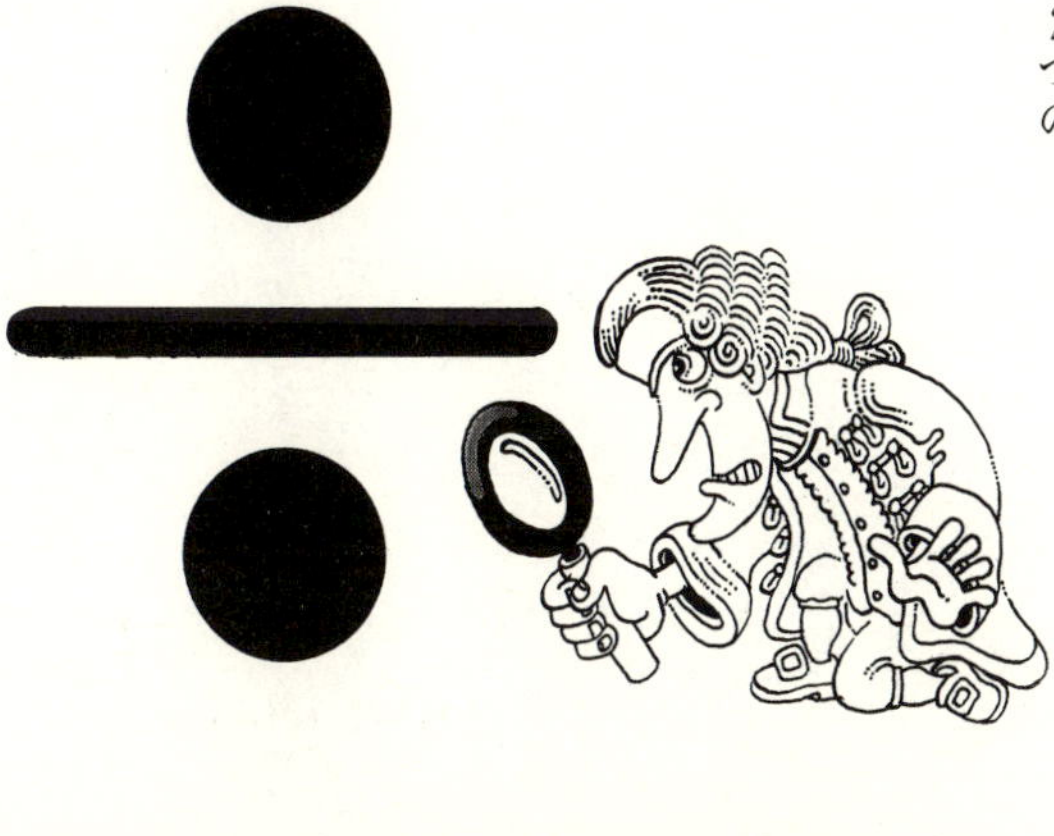

おもしろ数学 13

気持ちいいほど割り切れる！

——一刀両断、快刀乱麻の数字たち

Q

どんなにデタラメに書いた3桁の数でも、それをもう一度くりかえして6桁にすると、必ずある数で割り切れるという。さて、その魔法の数とは？

A

7と143である。

任意の3桁の数字をＡＢＣとすると、6桁の数字はＡＢＣＡＢＣとなる。

ABCABC＝100000A＋10000B＋1000C＋100A＋10B＋C

＝1001ABC＝7 ×143ABC

ここでＡＢＣＡＢＣは、必ず7と143の積となるから、7と143で割り切れることになる。

おもしろ数学 14

いつまでたってもモヤモヤ……

——何ともはっきりしないヤツは誰？

Q

2から9までのどの数でも割り切れない不思議な数があるという。さて、その正体は？

A

2519、5039、7559など。

一の位の数字が9で、数字が1桁になるまで足していくと、すべて8となる数字がそれである。

2519→2＋5＋1＋9＝17→1＋7＝8

5039→5＋0＋3＋9＝17→1＋7＝8

7559→7＋5＋5＋9＝26→2＋6＝8

偉大な数学者たちの言葉

「泳ぎをおぼえたければ思いきって水に入ることだ。そして問題を解くことをおぼえたかったから、解いてみるのがよい」

アメリカの数学者　ポーヤ

「二日の2とキジの二羽の2とが同じ2であることに気がつくまでは、長い年月が必要だった」

イギリスの哲学者・数学者　ラッセル

「完全な真理の姿――それは正確かつ確実で、時代のどんな影響からも自由な掛算の九九の表だ」

イギリスの哲学者・数学者　ラッセル

「数学とは普遍的で疑う余地のない技術である」

アメリカの数学者　スミス

「われわれにとっての真の数学史は、計算と、図形の比較についての最初の古代遺物から始まる」

ドイツの数学史家　M・カントール

「数は人間精神の創造物である」

ドイツの数学者　デギキント

123

「私はものを言うより前に、数をかぞえることをおぼえた」

「数学は科学の女王であり、整数論は数の女王である」

ドイツの数学者　ガウス

「数学は自由を尊ぶ」

ドイツの数学者　G・カントル

「方程式——それは、すべての数学の宝庫を開ける黄金の鍵だ」

ポーランドの数学者　コヴァル

「文学が情緒や相互理解や共感を育てるように、数学は観察力や想像力を育てる」

アメリカの数学者　チャンセラー

「数学において記憶しなければならないのは、公式ではなく思考の過程である」

ロシアの数学者　エルマコフ

789

「数学者は若者の学問である。でなければ存在することもできまい。数学の勉強とは、若い時のあらゆる柔軟さとあらゆる辛抱強さを必要とする頭の体操である」

アメリカの数学者 **ウィーナー**

「近づくな、図形がこわれる！」

ギリシャの数学者 **アルキメデス**

（敵軍の侵入も知らずに、砂をまいてその上に図を描き、一心に考えごとをしていたところへ、連行しようとやってきた敵の兵士に向かっていった言葉）

「数学者には将棋や碁の好きな人が多いようです。論理的思考という共通点があるためかもしれません。私は『あっ』という手がでてくるのが面白さだと思います」

矢野健太郎

「数学は音楽みたいなものでね。より美しいもの、より深いものを追求する」

広中平祐

「東大の理1の学生は、大学の授業も教科書もわかっているのが三分の一とかつて新聞記事にあったけど、あれは嘘に決まっている。

ほとんど0なんです。京大なんかも0ですよ。

けど、表面的にはわかっても、納得してる子なんて0でいいと思うんです。一見、無駄みたいやけど、〝わからんもんやなあ〟と思うて頭の中に飼うておくとね、〝わからんさん〟がなんとなく気の毒がってくれるのか、なじんでくれはって、一年ぐらいするとスーッとわかるわけですよ。

数学のわかり方というのは、隠し絵に近いんとちゃうやろか」

森毅

＊『数学名言集』（大竹出版）より一部引用させていただきました。

本書は、小社より刊行した単行本
を再編集し、文庫化したものです。

図説《ずせつ》 数学《すうがく》トリック

著者　樺 旦純（かんば・わたる）

発行者　押鐘冨士雄

発行所　株式会社三笠書房

〒112-0004 東京都文京区後楽1-4-14

電話　03-3814-1161（営業部）03-3814-1181（編集部）

振替　00130-8-22096　http://www.mikasashobo.co.jp

印刷　誠宏印刷

製本　宮田製本

ISBN4-8379-6212-2　C0111

王様文庫

三笠書房

王様文庫

読むだけで面白い、男の心理女の心理

怖いくらい人を動かせる心理トリック

思考心理学者 樺旦純 *Kanba Wataru*

好きにさせる！驚かす！
——すべて思いのままです

不思議な不思議な体験ができる本
誰かに試したくてたまらなくなります！

◆歯医者の治療室でクラシック音楽を流す理由
◆権威に弱い人間心理——こんなにコロリとだまされる！
◆医者の実験——思いこみと暗示のこわさ
◆AV・オーディオ機器の色で黒が圧倒的に多い理由
◆女性が赤を基調とした服を好むのはなぜ？
◆クヨクヨする男はゼッタイ成功しない！
◆悪いことが重なるのはこんな原因がある！
◆顔が変わると、性格も変わる？
◆「遊ぶ人ほど仕事ができる」本当の理由は？